D1657137

YO LES GENS

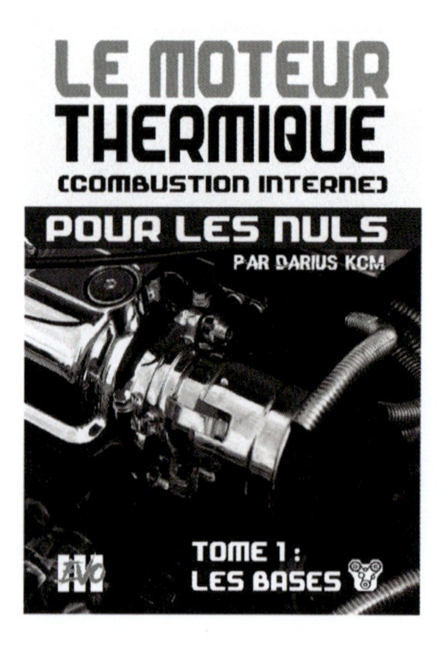
LE MOTEUR
THERMIQUE
(COMBUSTION INTERNE)
POUR LES NULS
PAR DARIUS KCM
TOME 1 :
LES BASES

LE MOTEUR
THERMIQUE
(COMBUSTION INTERNE)
POUR LES NULS
PAR DARIUS KCM
TOME 2 : LES
PIÈCES INTERNES

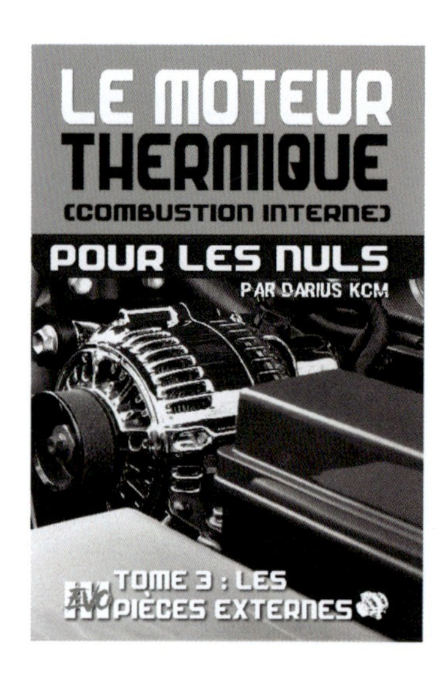
LE MOTEUR
THERMIQUE
(COMBUSTION INTERNE)
POUR LES NULS
PAR DARIUS KCM
TOME 3 : LES
PIÈCES EXTERNES

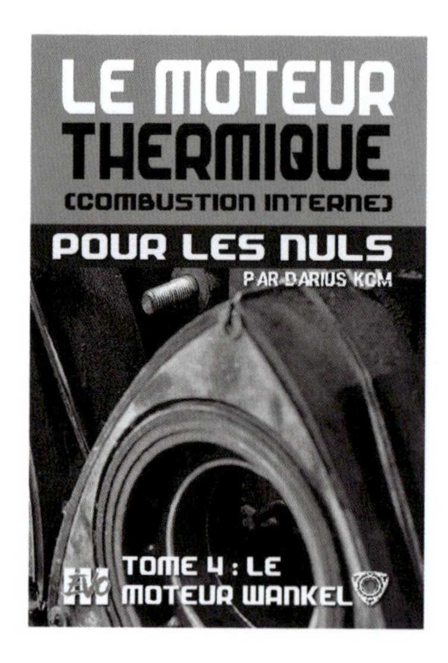
LE MOTEUR
THERMIQUE
(COMBUSTION INTERNE)
POUR LES NULS
PAR DARIUS KCM
TOME 4 : LE
MOTEUR WANKEL

LE MOTEUR THERMIQUE (COMBUSTION INTERNE) POUR LES NULS

- LES PIÈCES INTERNES -

Ce livre est le tome 2 de la série intitulée « les moteurs thermiques pour les nuls ». Ce livre regroupe les techniques, les systèmes et les pièces les plus couramment utilisées sur les moteurs thermiques ; en clair, ce sont les pièces de base, sinon ce livre ferait 400 pages ennuyeuses à lire, donc je vais principalement parler des pièces de moteur les plus couramment utilisées, merci de votre compréhension.

SOMMAIRE

QUI EST DARIUS KCM ?

Alors qui suis-je ?

Je suis un auto-entrepreneur passionné de voiture depuis tout petit. Je suis actuellement le propriétaire de la chaîne YouTube « All Motors Glory ».

J'ai commencé YouTube le 4 mai 2016, avec une autre chaîne du nom de « Full Meca Bikes and Cars », que beaucoup de personnes dans le monde de l'automobile connaissent grâce à la vidéo sur l'histoire du 2JZ, un moteur Toyota devenu célèbre dans la Toyota Supra MK4. Mais suite à divers problèmes, j'ai préféré repartir de zéro et créer la chaîne YouTube « All Motors Glory ».

Je suis passionné de mécanique et de voitures, notamment japonaises (mais j'aime de tout : françaises, américaines, allemande, sauf les voitures électriques, le pire cauchemar environnemental pour notre planète d'ailleurs), et j'adore les voitures modifiées ; d'ailleurs, j'ai une Mazda MX-5 Nb modifiée (qui va d'ailleurs passer en turbo) et qui sera homologuée par la DRIRE et une Mazda 3 Sedan de première génération.

Je suis également écrivain et j'ai créé cette série de livres « le moteur thermique pour les nuls » pour vous, dans le seul but de montrer qu'un moteur thermique n'est pas si compliqué que cela, et que cette orfèvrerie mécanique est absolument passionnante. Cela vous permettra, en plus, de comprendre comment fonctionne un moteur de voiture (ainsi que de bateau, moto, etc.), de pouvoir vous faire économiser de l'argent en évitant les arnaques, ou mieux, en vous donnant l'envie de faire de la mécanique et/ou de réparer votre voiture vous-même. En prime, vous pourrez ennuyer un peu le gouvernement, ce n'est pas pour rien que l'on n'enseigne pas le fonctionnement des moteurs ou d'une voiture à l'école. 😉

Et si vous voulez en apprendre davantage, rejoignez-moi sur YouTube sur ma chaîne « All Motors Glory ».

PRÉFACE

Ce livre est le tome 2 d'une série intitulée, « le moteur thermique pour les nuls » ; donc, si vous n'avez pas lu le tome 1 « le moteur thermique pour les nuls - les bases », cela risque d'être assez contraignant pour comprendre ce tome 2.

Ce livre a pour but de vous montrer les différentes pièces internes du moteur à combustion. Quand je dis pièces internes, ce sont les pièces qui permettent au moteur à combustion de fonctionner. Par exemple, dans ce tome, nous allons parler de la pompe à eau ou de la courroie de distribution, car elle permet au moteur de fonctionner correctement, alors que l'alternateur et la clim seront présentés dans un autre tome (le tome 3 du coup).

Bien évidemment, ce livre sera expliqué de manière simple, drôle et efficace, pour que vous puissiez enrichir vos connaissances en matière de moteurs après avoir lu le premier tome et je l'espère, vous permettre de vous perfectionner dans le domaine des moteurs thermiques.

Ce livre a été conçu par un passionné pour vous, gens lambda, afin que vous puissiez approfondir vos connaissances en mécanique et sur les moteurs thermiques, les moteurs à combustion interne.

J'espère donc qu'il vous plaira et que vous le comprendrez, je compte sur vous et vos avis 😉. N'oubliez pas que ceci est un tome 2, DONC IL EST INDISPENSABLE d'acheter le tome 1 « les bases » en tout premier ; n'hésitez pas à mettre des commentaires clients ou une note. Sur ce, merci d'avoir acheté cette série de livres et je vous souhaite du fond du cœur bonne lecture.

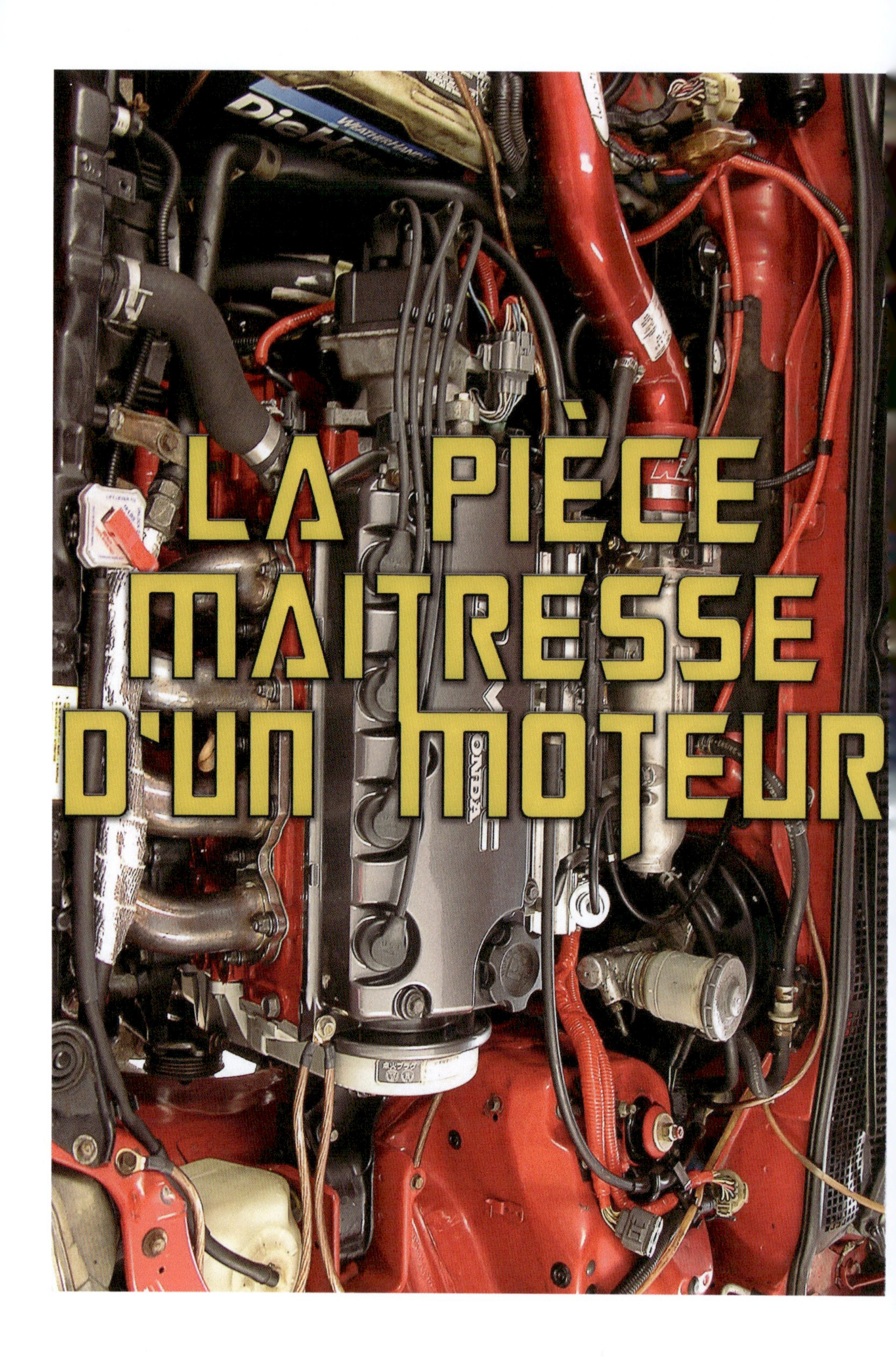
LA PIÈCE
MAITRESSE
D'UN MOTEUR

LA PIÈCE MAÎTRESSE D'UN MOTEUR

LE BLOC-MOTEUR

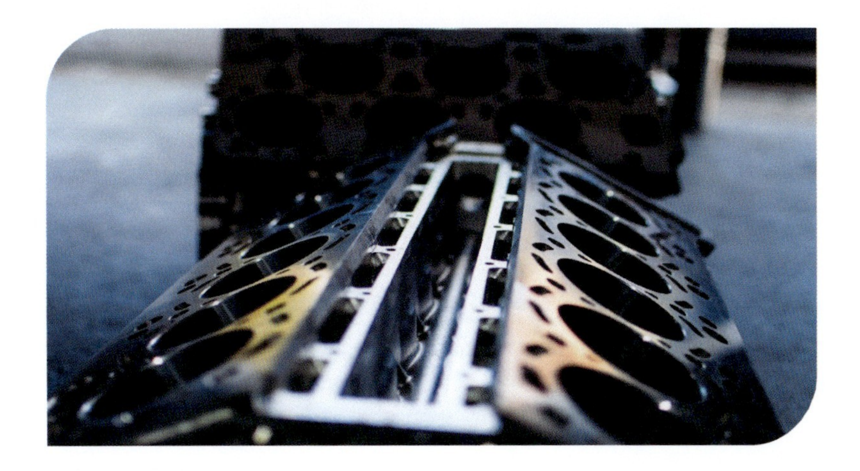

On va alors commencer ce livre par la pièce la plus importante du moteur, c'est-à-dire, le bloc-moteur

Le bloc-moteur, est LA PIÈCE principale d'un moteur à pistons, créé et monté en 1899 dans une voiture de course révolutionnaire, construite par Amédée Bollée Junior, le fameux « torpilleur » que voici :

Source : « Wikipédia »

La première voiture construite en grande série équipée d'un 4 cylindres monobloc sera la Ford Model T de 1908.

Le bloc-moteur accueille les conduits des différents fluides, le logement des chemises pour les blocs à chemises amovibles, ainsi que l'emplacement des goujons qui serviront à accueillir et à mettre en place la culasse et son joint, mais également et surtout, les pistons eux-mêmes.

Le liquide de refroidissement circule librement à l'intérieur du bloc dans des conduits et des chambres prévues pour refroidir le moteur. De même pour l'huile, pour lui permettre de circuler à travers les pièces motrices pour les lubrifier.

Il doit également être capable de résister à la pression des gaz de la combustion qui tendent à le dilater. Il doit guider le piston, d'où la nécessité de réduire le frottement et d'augmenter la résistance à l'usure des matériaux. Il doit permettre de laisser circuler le liquide de refroidissement tout en résistant à la corrosion.

Il existe deux types de blocs-moteurs :

Les blocs sans chemises :

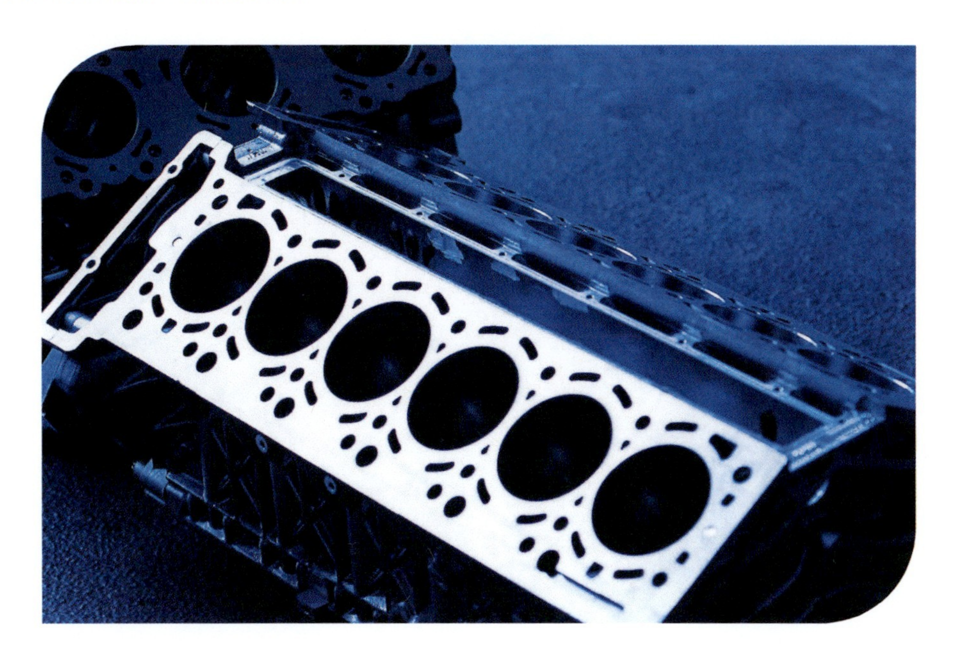

Et les blocs avec chemises :

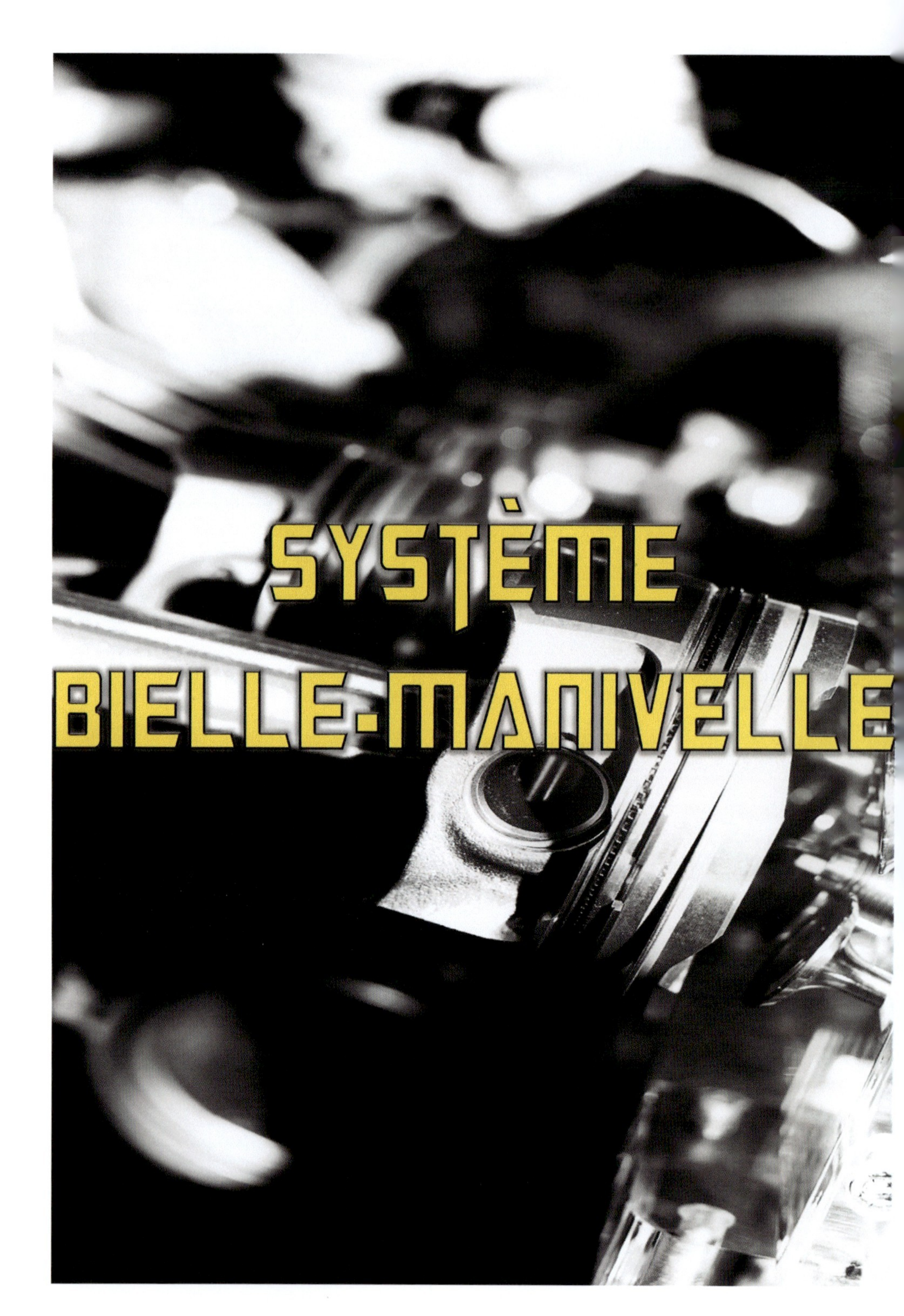

SYSTÈME BIELLE-MANIVELLE

SYSTÈME BIELLE-MANIVELLE

LE PISTON

En mécanique et en automobile, un **piston** est une pièce circulaire coulissant dans une chemise de cylindre de forme complémentaire (pour les adultes qui lisent le livre, cette description ne vous rappelle pas quelque chose de coquin ? 😜).

Le déplacement du piston entraîne une variation de volume de la chambre (partie située au-dessus du piston), entre celui-ci et le cylindre. Un piston permet la conversion d'une pression en un mouvement, ou réciproquement.

L'utilisation du piston dans le monde

Les pistons sont présents dans de nombreuses applications mécaniques. La plus courante est le moteur à combustion interne, notamment dans les voitures, les bateaux et les motos. Les pistons sont utilisés pour pas mal d'objets, tels que les pompes (et je ne parle pas de celles qu'on fait en musculation), les compresseurs, les vérins, les distributeurs, les amortisseurs, les détendeurs, les régulateurs, les valves, les seringues médicales ou certains instruments de musique.

L'architecture du piston

Dans un moteur à combustion interne, il existe une multitude de formes pour la tête du piston. Dans beaucoup de cas, la tête est plate, notamment pour les moteurs 2 temps, mais aussi pour les 4 temps qui doivent avoir de faibles performances.

Sinon, la forme du piston est différente, conique, comme pour les moteurs Mazda Skyactiv et Skyactiv-x, ronde pour les moteurs à fort couple, ou encore en forme de toit, ce qui permet d'avoir des chambres de combustion beaucoup plus performantes et efficientes. Elle dépend également du type de carburant utilisé et du type de combustion réalisée. On pratique également des nervures sur leur verso, augmentant la surface d'échange thermique ainsi que l'instauration d'un canal de refroidissement, dans laquelle de l'huile moteur circule, pour refroidir le piston de façon générale.

Il y a aussi des encoches sur la tête des pistons, qu'on peut appeler « regard pour soupape ». Cela permet d'éviter les collisions entre soupape et piston, même lorsque les soupapes disjonctent et créent ce qu'on appelle « un affolement de soupapes », mais également lors d'un léger déréglage de la distribution et donc des soupapes, ce qui permet de garder le ratio de compression du véhicule et donc, de conserver sa puissance.

Regard de soupape :

Les têtes de piston peuvent, quant à elles, être recouvertes d'un revêtement pour supporter les explosions créées par le mélange air/carburant. Des revêtements, il en existe beaucoup, dont le fameux DLC (et je ne parle pas des DLC de jeux vidéo) pour Diamond-like-Carbons qui, contrairement à ce que l'on pense, n'est pas seulement utilisé pour les zones où il y a de la friction, mais également sur la surface du piston. Il existe également le traitement avec graphite et au nickel.

Bien sûr, cette liste n'est pas exhaustive et il en existe beaucoup d'autres, non cités ici.

LES DIFFÉRENTS SEGMENTS

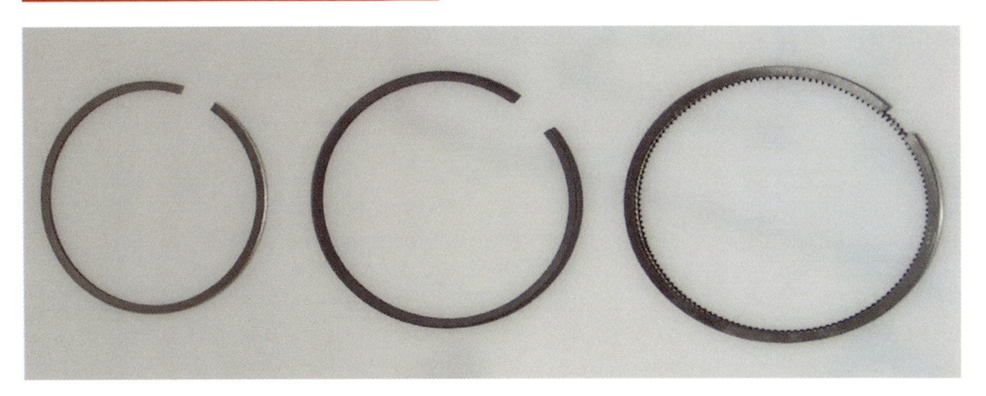

Le nombre de segments est variable selon le moteur et les pistons ; cependant, on en distingue trois types. Les 3 types de segments, positionnés dans l'ordre de haut en bas sur le piston, sont :

- **Le segment de feu** (allummmeezzzzz le feu !) est le segment en contact avec les gaz. Il est créé avec un caoutchouc spécial.

Lors de la combustion du mélange air/essence, le segment est plaqué contre le piston (dans son emplacement) et contre la chemise de cylindre, ce qui assure quasiment toute l'étanchéité et permet d'éviter au segment suivant d'être abîmé.

- **Le segment d'étanchéité** ou **de compression** assure l'étanchéité totale des gaz en arrêtant ceux qui seraient passés par la coupe du segment de feu.

Il doit permettre la bonne compression du mélange destiné à la combustion. Sa coupe est décalée par rapport à celle du segment de feu. La surface est chromée ou revêtue de molybdène, un revêtement qui assure la durabilité du joint.

- **Le segment racleur,** comme son nom l'indique, est un segment qui permet de racler l'huile moteur sur la chemise de cylindre, pour permettre à l'huile de bien lubrifier le piston et d'éviter le surplus d'huile qui s'enflammerait avec le mélange, et créerait beaucoup de pollution supplémentaire, tout en abîmant le moteur pour rien.

Une défaillance des segments se traduit par une perte de compression et une mauvaise lubrification. De plus, il anéantit les performances du moteur. Une défaillance du segment racleur se traduit par une consommation d'huile et des fumées bleues à l'accélération en sortie du pot d'échappement (bonjour les schtroumpfs).

Les constructeurs limitent le nombre de segments au maximum, car ils augmentent la friction entre le piston et la chemise de cylindre, ce qui nuit à son rendement et à ses performances. C'est pour cela qu'aujourd'hui, il est désormais difficile de distinguer clairement les types de segments ; mieux : ces derniers devenant multifonctions, certains moteurs actuels n'en possèdent qu'un seul.

Le rôle des pistons dans un moteur thermique

Le piston a pour principal rôle de convertir l'énergie créée par la combustion de l'essence et autres combustibles, en énergie mécanique et ensuite, en énergie de rotation via le vilebrequin.

Forcément, pour réussir à résister à une combustion aussi puissante qu'une dizaine de TNT lors de la combustion, le piston doit être capable de résister ; déjà, ce sera une bonne chose, mais il devra également transmettre les efforts sans que le piston ne cède ou necasse le moteur et ce, même après des milliers d'heures d'utilisation à des températures et des conditions élevées.

En effet, ces frottements représentent près de 66 % des pertes par frottement du moteur. Le Nikasil et le Nigusil sont tous deux des revêtements anti-usure des cylindres pour éviter les pertes de compressions par usure, mais également pour réduire les frottements.

Par ailleurs, la consommation d'huile des pistons est une importante source de pollution, d'où la citation en haut concernant les segments de piston.

Il existe, en plus du revêtement DLC, des pistons en DLC, c'est la raison pour laquelle l'acier est progressivement remplacé par le Diamond Like-Carbon (DLC). Il s'agit de carbone amorphe composé d'une multitude de couches minces dont les propriétés physiques sont comprises entre le diamant et le graphite (d'où son nom).

Le DLC permet finalement une réduction des frottements d'environ 30 %. Néanmoins, sa fabrication demeurant assez onéreuse, le DLC n'est que peu utilisé sur les moteurs de série pour le moment.

BIELLE MOTEUR

Une **bielle moteur** est une pièce mobile qui possède deux orifices, un à chaque extrémité. Ces deux orifices ont pour but de transmettre une force et un mouvement, et de permettre à celle-ci de tourner librement sur la pièce à laquelle elle est reliée ; dans le cas d'un moteur thermique, d'un côté la tête de piston et de l'autre, le vilebrequin. Les orifices sont lubrifiés par l'huile moteur.

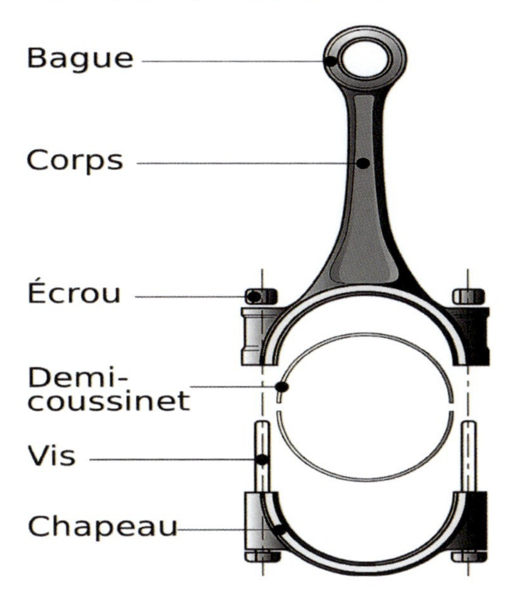

Moteur à combustion interne

La bielle d'un moteur thermique permet de transformer le mouvement alternatif des pistons en mouvement rotatif continu du vilebrequin. La bielle possède deux alésages circulaires, l'un de petit diamètre, appelé pied de bielle, qui sert à insérer le piston, et l'autre de grand diamètre, appelé tête de bielle, qui est relié au vilebrequin et utilisant ce qu'on appelle des coussinets, oui comme des petits coussins, mais pour moteurs.

Mais il existe également des bielles faites d'une seule pièce avec le vilebrequin, qui sont constituées de parties assemblées après montage de la bielle. La bielle ne se désolidarise plus du vilebrequin, en clair, elle est attachée à lui. La friction entre l'ensemble bielle/maneton du vilebrequin (partie où est reliée la bielle) est réduite par rapport à un assemblage dit classique (bielle démontable sur coussinet). Ce type d'architecture possède, entre les pièces mobiles, soit deux demi-coussinets en acier, soit (et surtout) des roulements (ce qui est logique, sinon, aucun intérêt à créer cet assemblage d'une seule pièce si c'est pour garder le système des demi-coussinets. Ou alors si, il y a un intérêt, faire payer le client plus cher et le forcer à changer de voiture😁).

Les bielles de moteur automobile sont matricées, c'est-à-dire que ce sont des pièces coulées en un seul bloc avec ses orifices qui sont sous-dimensionnés. Les deux orifices de chaque côté de la bielle sont usinés, la tête de bielle (celle qui est reliée au vilebrequin) est coupée avec l'aide d'une guillotine (et comme son nom l'indique, la guillotine possède la même fonction, couper) pour permettre d'y insérer les coussinets et de l'installer sur le vilebrequin.

Pour éviter des dégâts sur les coussinets et des bielles lors d'un manque de lubrification ou d'un échauffement trop important, les têtes et pieds de bielle sont percés de petits conduits qui permettent à l'huile moteur de circuler, de lubrifier et de refroidir les faces métalliques en contact.

LE VILEBREQUIN

Le **vilebrequin** est un arbre mobile qui permet, grâce à la bielle reliée de l'autre côté au piston, la transformation du mouvement linéaire du piston en un mouvement de rotation continu. Présent dans tous les moteurs thermiques, et même rotatifs, il assure la transmission de l'énergie créée par la combustion du carburant dans la chambre de combustion en énergie mécanique. C'est ce qu'on appelle le système bielle-manivelle. Dans un moteur à pistons, le vilebrequin entraîne la boîte de vitesses, et par l'intermédiaire de deux courroies l'alternateur, les pompes, et l'arbre à cames (dans le cas du moteur thermique 4 temps).

La fabrication du vilebrequin

Pour les moteurs de série, la préférence va au le moindre coût pour la fabrication, les vilebrequins sont donc généralement en fonte moulée pour les moteurs de faible puissance (jusqu'à 55 ch au litre). Pour les moteurs plus gros et plus puissants, notamment suralimentés ou turbocompressés, les vilebrequins sont de meilleure qualité, puisqu'ils sont fabriqués en acier (Aaalleluia…, alléluia, et je vous ai mis la chanson dans la tête, je crois ah ah) plus principalement en acier forgé. On utilise alors des aciers avec peu d'alliage qui sont enrichis au nickel-chrome ou au chrome molybdène vanadium suivant le moteur.

Le vilebrequin subit alors deux équilibrages : un équilibrage statique, donc le vilebrequin est immobile, et un équilibrage dynamique, le vilebrequin tourne et est équilibré par enlèvement de matière avec un tour (un outil pour découper) et une fraiseuse. Pour parfaire l'équilibrage lorsque le vilebrequin tourne à haut régime, celui-ci peut être complété par des perçages peu profonds sur les bords des contrepoids de celui-ci.

Les vilebrequins pour les voitures et motos de compétition sont réalisés par usinage dans la masse, c'est-à-dire qu'à partir d'un gros bloc circulaire de métal, on a usiné un vilebrequin. Cela a pour avantage de choisir parmi un grand choix de matériaux, en particulier des aciers alliés à très haute performance ou du titane.

Petite anecdote, sur les anciens véhicules de série, comme on devait faire des moteurs pas chers pour monsieur et madame tout le monde, les premiers vilebrequins étaient dépourvus de contrepoids, car trop complexes à réaliser et surtout beaucoup trop chers, c'est pour cette raison que les moteurs modernes sont très silencieux et n'émettent presque plus de vibrations.

PARTIE HAUT MOTEUR (CULASSE)

PARTIE HAUT MOTEUR (CULASSE)

LE CACHE-CULBUTEURS

Le cache-culbuteurs est une pièce qui recouvre le haut du moteur, donc notamment la culasse. Mais contrairement à ce que pourrait laisser penser son simple aspect esthétique, le cache-culbuteurs est très utile pour le moteur, notamment pour le refroidissement et la lubrification. On va donc les voir ensemble, dans ce tome 2 des moteurs thermiques pour les nuls.

Le cache-culbuteurs et son rôle

Alors déjà son nom : « cache-culbuteurs ». Il était appelé ainsi, car il servait à refermer le haut de la culasse et à cacher les culbuteurs qui étaient présents sur les anciennes générations de moteurs. Au final, ce nom est tellement resté dans la tête qu'on a continué à l'appeler ainsi, même si certains l'appellent le « couvre-culasse ». Pour ma part, je reste sur « le cache-culbuteurs », (alors que pourtant, j'adore les Japs avec arbre à cames en tête, comme les moteurs de Skyline R32,33, 34, (RB26 DETT) ou encore celui de la Supra (2JZ-GE ou GTE) et les moteurs Subaru).

Comme mentionné plus haut, le cache culbuteurs est très utile et très important, car :

- Il permet l'étanchéité de la partie haute du moteur, afin que l'huile qui lubrifie les arbres à cames et les soupapes ne gicle pas partout dans le compartiment moteur lorsque le moteur tourne. Pour cela, lors de l'achat du cache, il y a dans la boîte 2 à 3 joints : un joint hermétique qui se place entre le cache-culbuteurs et la culasse, ainsi qu'un ou deux joints d'étanchéité tournants appelés joints spi, qui se placent en bout de chaque arbre à cames (un joint par arbre à cames).

- Il lubrifie l'arbre à cames et les soupapes, car l'huile sous pression arrive dans l'arbre à cames pour s'accumuler dans l'espace au-dessus de la culasse. Lorsque l'espace est rempli, les cames brassent cette huile et la projettent contre le cache-culbuteurs (d'où l'importance de l'étanchéité mentionnée juste avant) ; cette huile ruisselle ensuite sur les arbres à cames et les soupapes pour les lubrifier.

- Il remplit le moteur d'huile, car le cache-culbuteurs comporte dans la plupart des cas un bouchon de remplissage d'huile, et sur certains modèles, il accueille un indicateur de niveau d'huile.

- Il recycle les vapeurs d'huile, car certains cache-culbuteurs comportent un système de filtration des vapeurs d'huile à l'intérieur ; cette huile est alors recyclée dans les chambres de combustion du moteur.

- Il refroidit l'huile, oui, vous avez bien lu, il sert à refroidir l'huile du moteur, en plus d'avoir un système de refroidissement classique.

  Le refroidissement par le cache-culbuteurs est simple : l'huile est projetée contre les parois du cache-culbuteurs, comme dit plus haut. Puis cette huile est refroidie par celui-ci, sa partie extérieure étant au contact avec l'air ambiant (vous voyez, c'est « échange et conductivité thermiques », programme de terminale en physique-chimie😉).

- Il maintient l'arbre à cames, car dans 90 % des cache-culbuteurs, le corps intègre des demi-paliers maintenant en place le ou les arbres à cames du moteur.

Alors il faut savoir que les caches culbuteurs ont eu le droit à divers matériaux au fil du temps :

- Les premières voitures (exemple : Ford modèle T) possédaient souvent des cache-culbuteurs en tôle (très prisé, car souple et qui refroidit mieux l'huile) ou en fonte (car durait bien plus longtemps) ;

- La plupart des véhicules actuels possèdent des couvre-culasses en aluminium, ils sont plus légers et possèdent une meilleure conductivité thermique par rapport à la tôle, l'acier ou encore la fonte ;

- Pour finir, sur les nouveaux moteurs, notamment ceux des sportives et supercars, sont apparus les nouveaux cache-culbuteurs en fibre de carbone, encore plus légers que la version en aluminium. La fibre de carbone possède la même conductivité thermique que l'aluminium, donc c'est l'idéal à l'heure actuelle (d'ailleurs, c'est la première pièce de performance que je vous conseille d'acheter pour votre voiture, si vous en trouvez, un cache-culbuteurs en fibre de carbone❤).

Pour ce qui est du coût du cache-culbuteurs :

Les prix peuvent énormément varier ; en effet, ils sont uniques et selon les modèles, le moteur, et le nombre de rangées du moteur, ils peuvent coûter très cher, pouvant aller de 50 € à 500 €, voire 5 000 € pour les plus gros modèles de voitures (exemple : Bugatti).

Les cache-culbuteurs, peuvent s'acheter via des sites de préparation moteurs, via les réseaux constructeurs eux-mêmes, et via des garages spécialisés. Bien évidemment, comme ce sont des pièces dites « unique par modèles », c'est la principale raison qui explique, dans de nombreux cas, des tarifs aussi élevés.

D'ailleurs, évitez l'erreur d'acheter des cache-culbuteurs sur des sites chinois style w**h, ali*******, etc, non ! En plus, ce sont des pièces contrefaites et de basse qualité (et d'ailleurs, leur achat pourrait vous coûter une belle amende), mais pourraient également abîmer votre beau moteur (problème de refroidissement d'huile, endommagement des arbres à cames, etc.)

Cependant, le remplacement des joints du cache-culbuteurs avec la main-d'œuvre d'un garagiste sera compris dans une fourchette large, allant de 30 à 300 €.

LA CULASSE

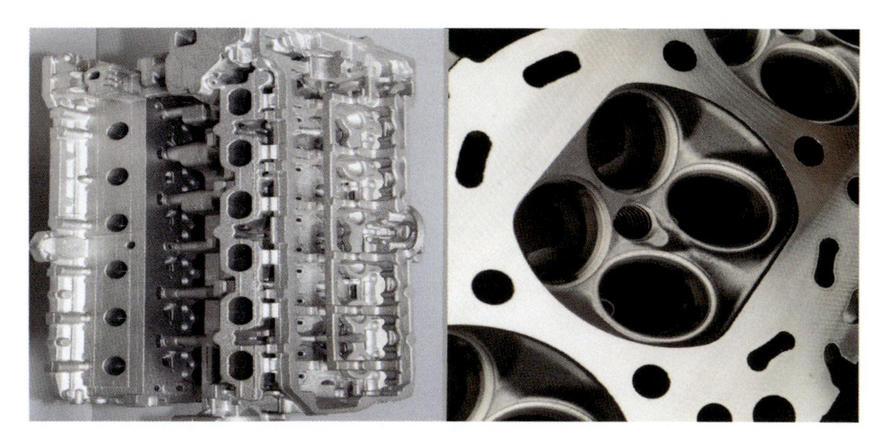

La culasse, c'est la partie supérieure du moteur, qui loge notamment les bougies, que ce soit pour les deux-temps ou quatre-temps. Sur les moteurs 4 temps, elle contient également les arbres à cames, les soupapes avec toutes ses pièces (ressort, poussoir, etc.).

La culasse est la pièce qui permet l'admission et l'échappement, mais qui permet également l'étanchéité des chambres de combustion en fermant le haut de celles-ci.

La culasse a diverses formes et caractéristiques et elle est étroitement liée à l'évolution des moteurs pour augmenter le taux de compression et donc, pour le rendement moteur en général. Les formes et caractéristiques sont plus particulièrement déterminées en fonction du type de distribution et de la forme de la chambre de combustion.

Un petit bonus de ma part : certaines (rares) architectures de moteurs n'ont pas de culasse et donc de soupape, arbre à cames, etc. ; comme par exemple les moteurs à pistons opposés, hormis les moteurs rotatifs (moteur Wankel notamment).

La culasse est une pièce qui est fabriquée à partir de fonte ou d'alliage d'aluminium crée par fonderie ; c'est une pièce très complexe, qui, sur un moteur à quatre-temps, comporte tous les éléments permettant au moteur de fonctionner, c'est-à-dire les soupapes et leur système de commande (distribution) ainsi que le sous-système de graissage, les bougies d'allumage, les conduits d'admission, les conduits d'échappement, des chambres d'eau pour les moteurs à refroidissement liquide ou de larges ailettes pour les moteurs à refroidissement à air et plus récemment, les injecteurs de carburant.

Sur un moteur à deux temps et tous les autres moteurs sans soupapes, la culasse est une pièce très simple, n'étant percée que d'un trou pour la bougie d'allumage ou un autre trou pour l'injection.

La culasse est la partie haute de la chambre de combustion. Généralement, elle est assemblée au bloc-moteur soit avec des vis, soit avec des goujons (le plus souvent utilisés, du moins pour les Japonaises). Pour assurer l'étanchéité et créer la séparation entre l'huile, le liquide de refroidissement et le cylindre, il y a ce qu'on appelle un joint de culasse. Fabriqué pendant un bon moment en liège, puis en amiante, il a depuis été remplacé par un sandwich de différents métaux souples.

Sur les moteurs d'automobiles modernes, une culasse est placée pour toute la rangée de cylindres et constitue la partie supérieure du moteur. En revanche, sur les moteurs d'avion refroidis par air, certaines voitures anciennes et sur les gros Diesel des poids lourds, ou de l'armée, chaque cylindre possède une culasse ; c'est le cas par exemple des 2 CV Citroën et de tous les moteurs équipés d'un moteur 2 cylindres à plat ou en V, car elles sont moins sensibles à la déformation et facilitent la maintenance du véhicule, ce qui est fort pratique.

Les culasses sont soumises à de fortes contraintes mécaniques, chimiques et thermiques. Elles sont alors refroidies par le liquide de refroidissement via de larges chambres d'eau qui entourent les chambres de combustion et les conduits d'échappement, ou par des ailettes si le moteur est refroidi par air comme sur les Coccinelles et les vieilles Porsche. La culasse possède des passages dans le joint qui relient les chambres d'eau de la culasse avec celles du bloc-moteur et le reste du circuit général de refroidissement du moteur.

Il y a également l'huile qui passe par le joint de culasse sous haute pression pour lubrifier les pistons via des gicleurs.

Photo d'un gicleur d'huile

LE JOINT DE CULASSE

Le joint de culasse est un joint déformable (la plupart du temps en métal ou en liège) sous la pression de serrage qu'exerce la culasse ; ce joint est l'un des éléments les plus importants du moteur. Utilisé dans les moteurs à combustion interne, il est destiné à empêcher le passage des gaz lorsque la soupape est fermée et d'empêcher le liquide de refroidissement et de lubrification de se mélanger, entre la culasse et le bloc-moteur. Il est absolument nécessaire de conserver le joint de culasse en parfait état et de ne pas attendre la panne moteur pour le remplacer s'il montre des signes de vieillissement.

Tout problème sur le joint de culasse peut avoir de très graves conséquences sur votre bloc-moteur (#mayonnaise → définition : la mayonnaise est provoquée lorsque l'huile et le liquide de refroidissement se mélangent suite à une casse du joint de culasse, laissant place à un liquide jaunâtre semblable à de la mayonnaise), voire de le détruire complètement. Et c'est exactement pour cela qu'un joint de culasse cassé est tant redouté par les automobilistes, car peu de gens connaissent suffisamment les moteurs thermiques pour les réparer, surtout dans un pays comme la France, où le travail manuel est totalement dénigré et rejeté (d'où la création de cette série de livres d'ailleurs).

Car les réparations peuvent être extrêmement coûteuses, ce qui conduit les automobilistes à changer de voiture, parce que faire un prêt à la banque pour une voiture neuve coûte moins cher que de payer les réparations.

Les symptômes et les pannes d'un joint de culasse

Les deux premiers cas que l'on peut constater en cas de problème du joint de culasse sont de la fumée bleue ou blanche qui s'échappe du pot d'échappement.

Dans le cas de la fumée bleue, et dans la plupart des cas, c'est de l'huile moteur qui a pénétré dans la chambre de combustion et qui s'est enflammée.

Dans le cas de la fumée blanche, cela s'accompagne très vite d'une surchauffe du moteur, et dans le pire des cas, de la fumée qui sort du compartiment moteur. Autant vous dire que ce n'est pas bon du tout ! Il s'ensuit inévitablement une baisse du niveau du liquide de refroidissement, de l'huile passe dans le vase d'expansion (réservoir de liquide de refroidissement, oui, vous avez bien lu, liquide de refroidissement), ce qui crée le fameux liquide « mayonnaise », et le niveau de l'huile dans le moteur monte de façon inquiétante (je précise, via l'indicateur d'huile du moteur), un peu comme dans une friteuse en surchauffe... Donc, en clair, si vous remarquez le moindre problème concernant le joint de culasse…

CHANGEZ-LE !!!, ou sinon adieu petit moteur.

Voici un exemple de casse de joint de culasse.

Dans ce cas, du liquide de refroidissement a atterri dans la chambre de combustion et a noyé le moteur.

Le joint de culasse n'est ni en caoutchouc ni en plastique. Dans le pire des cas (mais c'est surtout dans les anciennes voitures laissées à l'abandon), le joint peut être fabriqué en amiante, oui en amiante dangereux et nocif pour la santé !

Forcément, comme mentionné au début, le joint étant fabriqué en métal, la moindre craquelure ou fissure du joint de culasse ou de la culasse elle-même peut entraîner la fameuse casse moteur que tout conducteur de voiture redoute absolument. Et c'est là tout l'intérêt de s'intéresser aux voitures et aux moteurs thermiques, car nous, automobilistes passionnés de mécanique auto, pouvons réparer nos belles mécaniques et donc, changer nous-mêmes le joint de culasse défectueux, ce qui permet de sauver nos moteurs et de réaliser de belles économies, car on économise des milliers, voire des dizaines de milliers d'euros (qu'on réinvestit en pièce de performance et de sécurité😉), donc autant vous dire que dénigrer le travail manuel comme c'est le cas en France, cela fait profiter les garagistes et les grosses entreprises automobiles, et donc l'État.

Car le changement d'un joint de culasse est une opération longue et complexe, qui doit être réalisée par un bon mécanicien. Pour le remplacer, le professionnel devra en effet effectuer un démontage complet du moteur, tout en évitant de désynchroniser la partie haute du moteur (donc la culasse avec les soupapes, etc.), à la partie basse avec les pistons, pour éviter des dégâts moteurs encore pires après remontage.

C'est ce qui explique le coût de la réparation, car un joint de culasse, même renforcé, n'est pas très cher, cela va de 30 à 100 euros et 200 € pour les joints renforcés environ. Le coût de la réparation par un garagiste dépend de la panne, des dégâts causés par le problème, de l'état du véhicule, du modèle, de sa rareté et de son ancienneté, le prix peut alors varier du simple au triple.

Il faut prévoir généralement un coût entre 1000 et 10 000 euros pour les gros modèles, pour une réparation complète. Ce prix explique peut-être la raison pour laquelle les automobilistes qui utilisent leurs voitures comme un moyen de locomotion hésitent, dans le cas d'un véhicule âgé et au fort kilométrage, à changer de voiture.

Les moteurs sans joint de culasse

Il existe un moyen d'éviter l'utilisation de joint de culasse, via des choix techniques particuliers, comme c'est le cas de la Citroën 2 CV. En effet, elle a des solutions techniques particulières, notamment un faible taux de compression, un refroidissement par air (donc pas d'isolement du circuit d'eau) et une culasse par cylindre, car c'est un moteur avec 2 cylindres à plat (moteur à plat, référence au premier tome « les bases ») ; ce qui permet une absence de joint de culasse sur le moteur. Les deux cylindres sont installés dans un bloc-moteur sans chemise de cylindre et les culasses sont maintenues par trois goujons.

Un dispositif à reniflard maintient la pression interne du moteur à une valeur inférieure à la pression atmosphérique, ce qui participe grandement à l'étanchéité du moteur.

Par ailleurs, les moteurs avec cylindres borgnes (soupape positionnée à côté du piston), où la culasse ne forme qu'une seule pièce avec le bloc-moteur, n'ont bien évidemment pas de joint de culasse.

Dans ce cas, les soupapes sont installées en passant par l'intérieur du bloc-moteur (il faut donc enlever le piston), et toute la partie qui sert à ouvrir et fermer les soupapes est apparente et est installée par-dessus le bloc ; voici une photo qui le montre :

L'ARBRE À CAMES

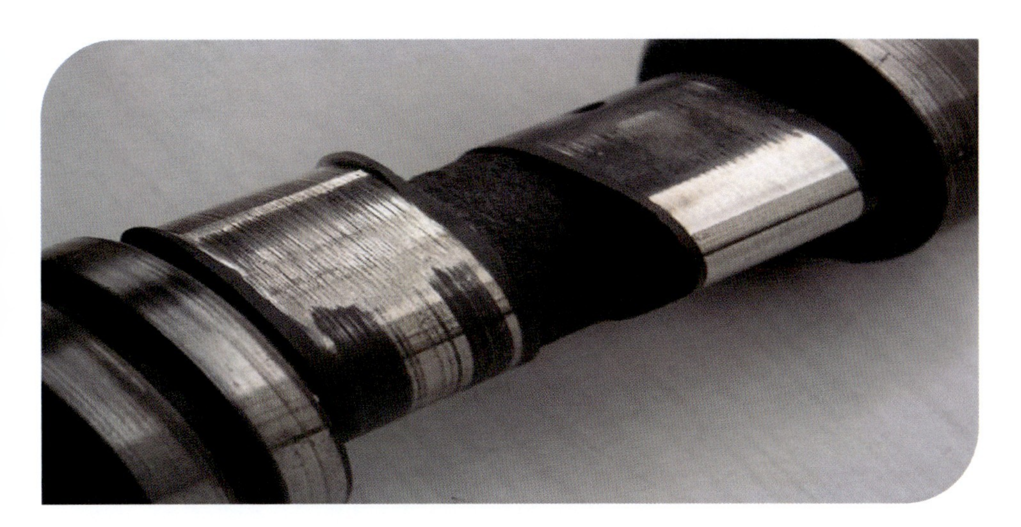

L'arbre à cames est un arbre qui a pour fonction de pousser les soupapes vers le bas, afin que celles-ci s'ouvrent pour laisser passer l'air venant de l'admission, ou d'évacuer les gaz brûlés après combustion, tout simplement les gaz d'échappement, il se représente comme une longue tige, munie de cames, des bouts de métal qui ont une forme d'œuf. Je vais vous expliquer cela en détail.

Une came

La « came » est une partie de l'arbre à cames, une roue qui a la forme d'un œuf (et je ne parle pas d'un œuf de Pâques… Bon, Ok, je sors). La came peut aussi être excentrique, c'est un disque de forme irrégulière ou un disque dont le pivot est décentré. Dans un moteur à explosion, les soupapes d'admission et l'échappement des gaz sont synchronisés grâce aux arbres à cames et donc indirectement, par les cames de celui-ci.

AVANTAGES :

- On peut configurer la came pour faire varier le déplacement de la soupape ;
- Ce système permet un meilleur rendement du moteur ;
- Il permet des ajustements précis.

INCONVÉNIENTS :

- Les cames s'usent rapidement, car toute la surface en œuf frotte sur le culbuteur de la soupape (je précise que même pour les arbres à cames en tête, les soupapes peuvent être munies soit de culbuteurs, mais c'est juste « une plaque » qui sert à réduire les frottements, soit de linguet, qui se situe tout deux entre la came et le poussoir hydraulique – si elle en possède, bien sûr –) d'où la nécessité constante de lubrification ;
- Lorsque la came tourne à grande vitesse, le décalage des cames crée des vibrations importantes.
- Bien que le système d'arbre à cames soit celui qui permet le meilleur rendement pour le moteur. Les cames créent beaucoup de frictions, car la came frotte, tout en poussant, sur du métal (linguet, poussoir, culbuteur etc). À un point tel que la partie culasse du moteur, contenant les soupapes, arbre à cames, etc., représente près de 40 à 70 % des pertes par frottement du moteur. Exemple concret, le moteur de la Koenigsegg Gemera (une hypercar hybride familiale de 1724 chevaux), qui innove avec un moteur 3 cylindres turbo équipé de soupapes électropneumatiques (Freevalve), donc sans arbres à cames, est passé de 400 chevaux à 600 chevaux pour la même consommation. Et son rendement, même s'il n'est pas précisé, est égal voire supérieur à 50 % de rendement. Il s'agit du premier moteur commercialisé dont l'énergie utile est supérieure à l'énergie perdue !

LES CULBUTEURS

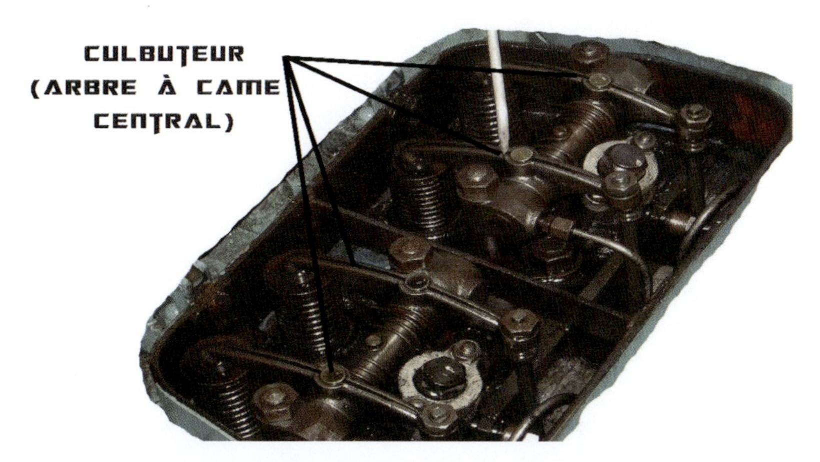

Un **culbuteur** est une pièce mécanique qui a pour but de transmettre un mouvement en changeant la direction et le sens, en gros, c'est un basculeur.

La transmission se fait par pivotement autour d'un axe, soit le rôle d'un basculeur.

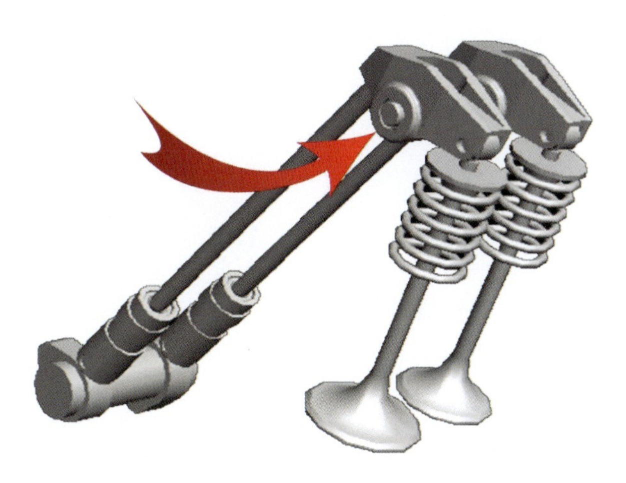

Moteurs avec culbuteurs

Dans un moteur thermique, les culbuteurs servent à transmettre la poussée des tiges de culbuteurs ou des cames vers les soupapes.

Ces moteurs sont dits culbutés. Ils ont été très utilisés en automobile de tourisme jusqu'aux années 1970-80, avant que les marques japonaises améliorent les moteurs de façon drastique en inventant le système d'arbre à cames en tête, c'est-à-dire que les arbres à cames actionnent directement les soupapes. Pourtant, ces moteurs culbutés restent encore utilisés sur certaines motos comme les Harley-Davidson et Moto Guzzi, mais également très utilisés par les marques automobiles américaines pour leurs muscles Cars, comme la Dodge Challenger, Charger, etc. Ainsi que sur les moteurs qui possèdent un régime moteur peu élevé.

Image d'une Muscle Car (Dodge challenger)

Le culbuteur possède à son extrémité un système de contre-écrou et vis pour permettre de régler, grâce à une cale d'épaisseur, le jeu entre les culbuteurs et les soupapes, afin de permettre à la soupape de se dilater sans endommager le culbuteur lorsque le moteur est à température. Cette opération doit se faire à intervalles réguliers à cause de la dilatation des pièces et des vibrations qui dérèglent le système (bien heureux qu'on soit passé pour la plupart aux arbres à cames en tête). Un jeu trop important entre les culbuteurs et la soupape entraîne un claquement caractéristique qui est facilement identifiable pour quelqu'un qui a l'habitude de travailler sur ce type de moteur (personnellement, je vous avouerai que n'ayant travaillé que sur des véhicules avec un système d'arbre à cames en tête, je serai incapable d'entendre ce claquement.).

La chose à savoir, c'est que lors du démarrage à froid du moteur, il est normal d'entendre un léger claquement, mais lorsque le moteur est à température, le bruit de claquement s'arrête une fois que les pièces de distribution ont atteint leur dilatation normale. Par contre, attention, un jeu légèrement important (avec son claquement) est toutefois préférable à un manque de jeu (à un réglage soupape-culbuteur trop serré), car cela peut entraîner des dégâts importants, la soupape peut alors mal se fermer et avec le retour de flamme de l'explosion, cela peut griller et déformer la soupape et ainsi, empêcher le bon fonctionnement du moteur et fortement l'abîmer.

Moteurs avec simple arbre à cames en tête

Les moteurs avec simple arbre à cames en tête possèdent automatiquement 2 soupapes par cylindre, une soupape d'admission et une soupape d'échappement.

Sur les moteurs à simple arbre à cames en tête, il est, comme son nom l'indique, placé juste au-dessus des soupapes, directement dans la ou les culasse(s) (moteur en V ou à plat par exemple), et donc il n'y a plus besoin de tiges de culbuteurs, ce qui a l'avantage d'avoir moins de pièces en mouvement et moins de jeu entre les pièces, donc moins de risques d'affolement de soupapes et surtout, un meilleur rendement moteur.

Lorsque les soupapes sont toutes alignées (soupapes dites "droites"), elles possèdent un poussoir cylindrique et sont ouvertes par l'action directe de la came sur le poussoir, exactement comme un moteur à double arbre à cames en tête.

Lorsqu'elles sont désaxées (ne sont pas toutes alignées (soupapes "en V")), et que le moteur n'est muni que d'un seul arbre à cames en tête, la culasse est munie de culbuteurs spécifiques pour transmettre la poussée des cames aux soupapes.

Moteurs à double arbre à cames en tête (made in Japan)

Bien que les moteurs à double arbre à cames en tête (appelé aussi ACT ou DOHC en anglais) puissent s'affranchir des culbuteurs (et donc d'être en contact directes avec les poussoirs hydrauliques), il arrive que sur certains moteurs, l'on retrouve de petits culbuteurs, ou des linguets.

Le choix des linguets est plus judicieux que celui des culbuteurs, car il permet aux ingénieurs d'avoir plus de liberté quant au positionnement des soupapes ainsi qu'au choix des arbres à cames.

Moteurs sans culbuteurs

Lorsque les cames de l'arbre poussent directement la queue des soupapes, il n'y a plus besoin d'avoir de culbuteurs.

Dans pratiquement tous les moteurs modernes, un poussoir hydraulique est interposé entre came et soupape pour le rattrapage de jeu. En gros, plus besoin de créer du jeu entre les pièces, car c'est le poussoir qui s'en charge, bien que certains moteurs comportent des pastilles calibrées entre poussoir et queue de soupape. Le seul problème des pastilles, c'est que cela impose un fastidieux démontage et remontage, car il ne faut aucun jeu entre les pièces, sans pour autant trop serrer les pièces elles-mêmes.

Après, l'avantage des poussoirs hydrauliques est que leur usage remplace celui des culbuteurs, permettant de mieux amortir les vibrations, ainsi que de permettre de rattraper un jeu trop important.

LES TIGES DE CULBUTEURS

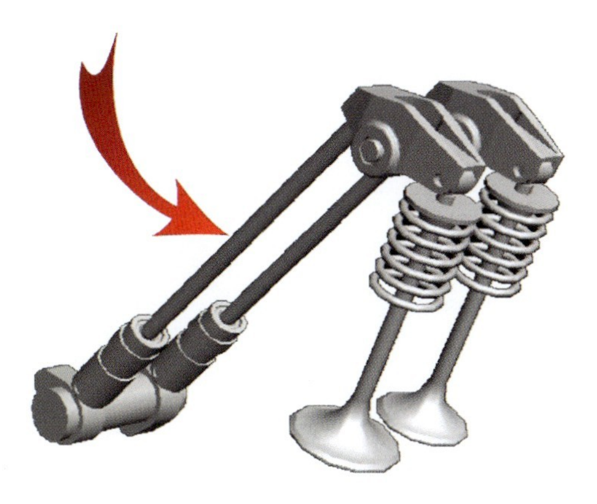

Une tige de culbuteurs sert à transmettre la poussée des cames aux culbuteurs qui permettent la fermeture ou l'ouverture des soupapes.

Lorsque l'arbre à cames tourne, celui-ci pousse les poussoirs qui reposent sur chaque came de l'arbre, qui eux-mêmes font monter et descendre les tiges de culbuteurs qui sont fixées dans les poussoirs. Ces mêmes tiges de culbuteurs font monter et descendre les culbuteurs, qui sont reliés aux soupapes. Les soupapes se trouvant au-dessus des cylindres, les tiges de culbuteurs sont logées le long des cylindres, et actionnées par un arbre à cames latéral (ou central pour les moteurs en V, W ou à plat), localisé vers le bas des cylindres, proche du vilebrequin.
Ce type d'architecture a d'ailleurs un nom, ça s'appelle « moteur culbuté ».

Cette architecture était commune à tous les moteurs jusque dans années 70-80 et à motocyclette, jusqu'à l'arrivée des Japonais et de leurs moteurs à arbres à cames en tête, révolutionnés par des moteurs comme le 4AGE de la Toyota Corolla AE86 sprinters Trueno par exemple (JAPAN POWERRRRR !!). Certes, les moteurs à arbre à cames en tête existaient déjà bien avant, mais étaient réservés aux véhicules de luxe et de courses, ce sont les constructeurs japonais qui ont démocratisé cette technologie pour les voitures et les sportives abordables.

Aujourd'hui, les moteurs culbutés restent toujours utilisés sur les moteurs qui ont un régime de rotation maximum peu élevé, comme les Muscles Cars (sportives américaines) qui privilégient le couple et la puissance à bas régime (comme les diesels) et qui ont l'avantage de durer plus longtemps, malgré un rendement moindre (vitesse de rotation moins élevée donc moins d'usures), ainsi que certains moteurs de camions et moteurs diesel.

Les tiges de culbuteurs sont pour la plupart fabriquées en acier classique, mais aujourd'hui, il n'est pas rare de les retrouver en titane ou en aluminium.

Ah oui, voici à quoi ressemble une tige de culbuteur :

LES BOUGIES

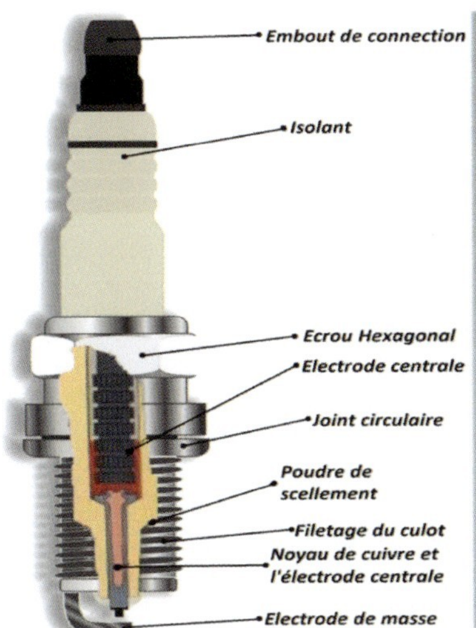

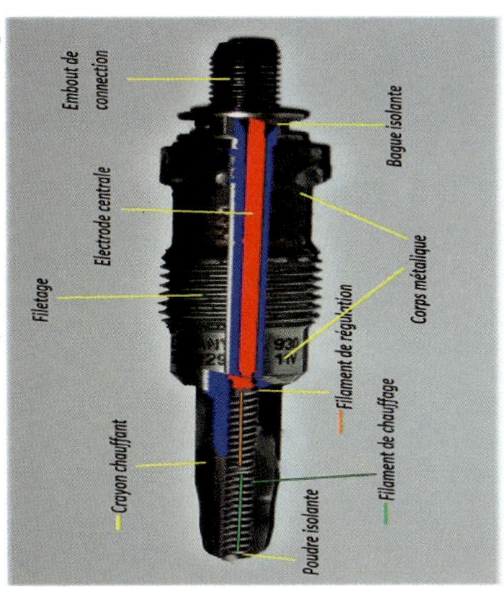

Pour les bougies d'allumage et de préchauffages, les détails techniques sont abordés dans le 1er tome « les bases », avec des définitions détaillées. N'hésitez pas à lire ou à relire ce 1er tome, car nous allons ici aborder cette partie rapidement. Merci de votre compréhension.

Les bougies (et je ne parle pas des bougies d'anniversaires, bien évidemment) : bon, là on s'accroche un petit peu, car c'est un peu technique. Déjà, il faut distinguer 2 types de bougies :

- Les **bougies d'allumage**
- Les **bougies de préchauffage**

1. **Le moteur à essence :** dit aussi un moteur « à explosion » ou à « détonation », a besoin d'une belle étincelle qui allume et aide à la combustion du mélange air/essence. Il y a l'étincelle : grâce à l'électricité, l'allumage pourra se produire, et provoquer une belle détonation au mélange.
2. **Le moteur diesel :** par rapport au moteur à essence, le moteur diesel se traduit par l'absence de bougies d'allumage. Pour exploser, le gazole a besoin d'atteindre une certaine température (environ 850°C), principalement lors du démarrage. Un préchauffage du moteur, donc du mélange carburant/air est nécessaire, ce qui est le rôle des bougies de préchauffage. En fait, ce sont des aides au démarrage.

LES SOUPAPES

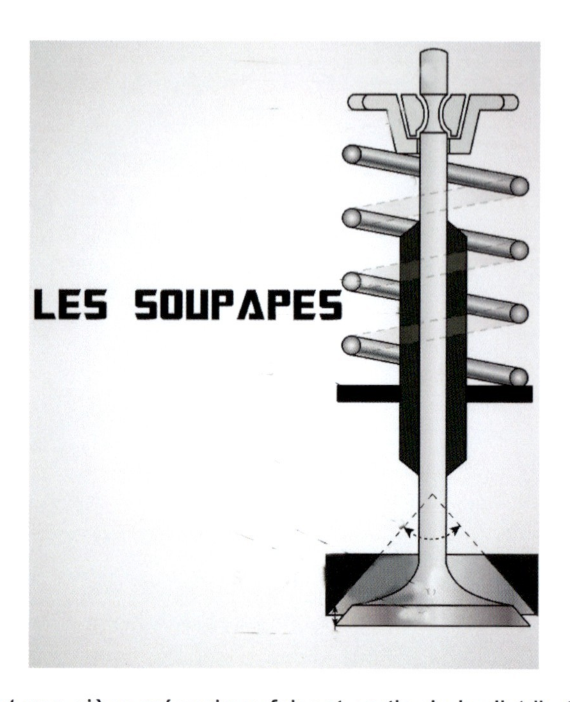

La soupape est une pièce mécanique faisant partie de la distribution des moteurs thermiques 4 temps ; elle permet de remplir les chambres de combustion d'air bien frais et d'évacuer les gaz brûlés par l'échappement. Pour faire simple, la soupape d'admission sépare le conduit d'admission de la chambre de combustion et une soupape d'échappement sépare celle-ci de l'échappement, d'où leur nom. Elle sert en gros de joint d'étanchéité dans la chambre de combustion pour comprimer le mélange, et surtout éviter que celui-ci fuite et explose dans le conduit d'admission ou d'échappement sinon, bonjour la voiture merguez !

Il existe trois types de soupapes :

- Les soupapes à tige, aussi appelées soupapes à tulipe (à mon avis, celui qui a donné ce nom avait certainement la main verte), les soupapes classiques, comme l'image en haut ;
- Les soupapes rotatives (pas d'image libre de droits) ;
- Et les soupapes à chemise louvoyante. (Pas d'image libre de droits).

Les soupapes les plus répandues sont les soupapes à tige/tulipe qui équipent tous les moteurs 4 temps actuels, comme montré dans le tome 1 de ce livre. Les soupapes sont le plus souvent actionnées par un arbre à cames et maintenues par un ou plusieurs ressorts, afin de faire monter la soupape, pour ainsi retrouver sa position initiale, ou très récemment et qui se pratiquait en partie sur les V10 de F1, les soupapes pneumatiques ou électriques qui devraient être de série sur les voitures dans peu de temps.

Petit aparté : sur les V10 de F1, les soupapes pneumatiques servaient principalement à aider les soupapes à retourner dans leur position initiale – fermer –, car les moteurs de Formule 1 tournant jusqu'à 14 000 tr /min, les ressorts de soupape classique n'étaient pas capables de bouger aussi vite et donc ils ont été remplacés par un système de rappel pneumatique. Mais contrairement à son homologue moderne, ce système ne remplaçait pas les arbres à cames, servant toujours, à l'époque, à pousser les soupapes.

Le rôle des soupapes dans un moteur

Les soupapes constituent une mécanique importante des moteurs thermiques puisqu'elles permettent :

- L'admission de l'air dans la chambre de combustion, ou bien le mélange air/essence pour les moteurs qui n'ont pas d'injection directe. La « levée » de la soupape d'admission, et la durée de son ouverture déterminent la quantité d'air admise dans le cylindre, surtout si le moteur est un moteur atmosphérique ;
- L'évacuation des gaz brûlés vers l'extérieur via l'échappement, séparant ainsi la chambre de combustion des conduits d'admission et d'échappement, comme dit plus haut.

Au début de l'ère automobile, la distribution des moteurs thermiques était assurée par des soupapes dites « automatiques », constituées de disque obturateur qui fonctionne par aspiration, c'est-à-dire que l'ouverture se fait par dépression créée dans le cylindre à l'admission et rappelée par des ressorts.

Bien que celui-ci soit un système simple et astucieux, il était peu efficace ; en effet, l'ouverture de ce type de soupape est de plus en plus retardée au fur et à mesure que le moteur monte dans les tours. Le moteur ne pouvait donc pas dépasser les 900 à 1 500 tr /min.

Les soupapes à tige/tulipe équipent la quasi-totalité des moteurs thermiques. Généralement directement actionnées par l'arbre à cames ou via des poussoirs ou des tiges poussoir (relié à l'arbre à cames), la tige coulisse dans des guides de soupape logés dans la culasse (partie haute du moteur), permettant au conduit de s'ouvrir et de laisser passer les gaz.

Elle est ramenée en position initiale (et je ne parle pas du manga Initial D) par des gros ressorts. Ce type de soupape s'est imposé très tôt en raison de sa forme circulaire qui offre un passage excellent et sans accroc, donc une arrivée fluide des gaz d'admission et d'échappement et une surface plane et épaisse capable d'encaisser la force de l'explosion/de la combustion.

L'anatomie des soupapes

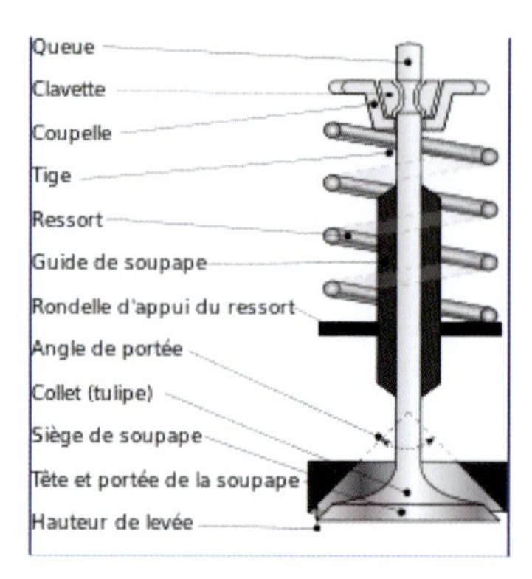

Vue en coupe d'une soupape à tige. (Source : Wikipédia)

Les soupapes classiques sont séparées en 4 parties : la tête, le collet (ou tulipe), la tige et la queue.

La queue

Fin de la soupape, elle doit pouvoir supporter la pression exercée sur le poussoir qui est activé par la came (partie avec une bosse en forme d'œuf) de l'arbre à cames. Elle comporte une ou plusieurs gorges, qui servent à loger les clavettes (support des ressorts) qui transmettent à la soupape la tension des ressorts.

La tige

Pièce cylindrique dont le diamètre est de l'ordre du quart de celui de la tête, elle doit assurer le guidage vertical de la soupape pour permettre à celle-ci de bien se fermer. La tige coulisse ainsi dans le guide de soupape, logé dans la culasse. Seul bémol, c'est que plus le diamètre de la tige est grand, meilleure est la dissipation thermique, mais cela alourdit considérablement la soupape, ce qui a pour effet d'user plus vite le ressort de rappel et la came d'arbres à cames, mais également d'alourdir le poids du moteur et de nuire à son fonctionnement à haut régime moteur.

Le collet

Le collet est la partie reliant la tête à la tige, elle a une forme particulière, car elle a un congé de grands rayons pour pouvoir faciliter la dissipation de la chaleur provenant de la chambre de combustion.

La tête de la soupape

Comme son nom l'indique, c'est la partie plane qui permet de rendre étanche la chambre de combustion et qui doit permettre de subir la force de l'explosion du carburant.

LES INJECTEURS

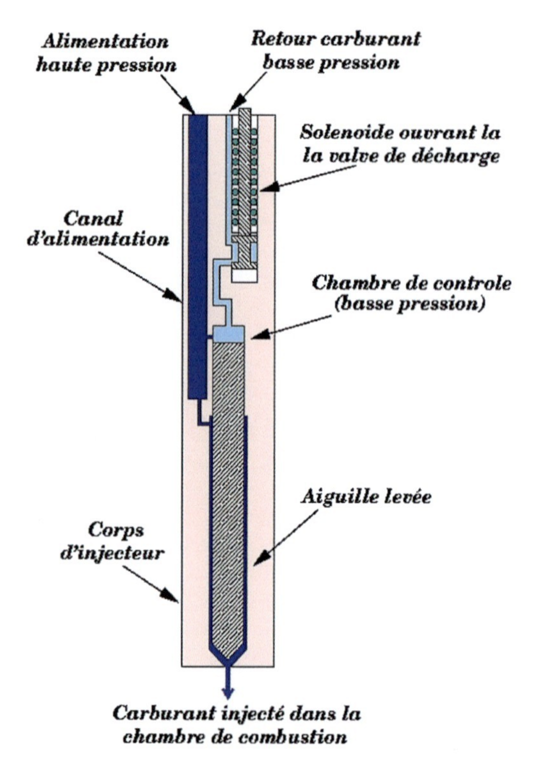

Personnellement, j'ai hésité à mettre cette pièce, soit dans ce tome ou dans le tome 3 « les pièces externes », car les injecteurs, selon les moteurs, peuvent être soit à l'extérieur, dans le collecteur d'admission par exemple, soit à l'intérieur dans la culasse (injection directe), ou carrément dans les deux en même temps comme le système de bi-injection.

Les injecteurs sont des dispositifs d'alimentation en carburant des moteurs à combustion, permettant d'acheminer le carburant dans la chambre de combustion, soit directement, soit en l'injectant avant les soupapes. Les injecteurs sont préférés au carburateur, car ils augmentent la puissance et le rendement du moteur, ce qui est très utile aujourd'hui avec la course au CO² et à la réduction de la taille des moteurs.

L'injection fut à l'origine exclusivement mécanique, comme on peut le voir avec la Mercedes 300 SL ou la BMW 2002 Tii (le deuxième I pour injection), puis améliorée par l'électronique en utilisant un calculateur électronique, comme sur toutes les voitures actuelles.

Alors d'où vient le système d'injection ?

Le tout premier moteur à combustion interne à être alimenté par un système d'injection est breveté en 1893 par l'ingénieur Rudolf Diesel. Oui vous avez bien lu, Rudolf Diesel, le créateur des moteurs diesel ! C'est d'ailleurs grâce à cette invention que tous les constructeurs ont privilégié l'injection dans les moteurs diesel.

Les premiers moteurs de série à être équipés de l'injection sur les moteurs à explosion remontent aux années 1930. Mercedes-Benz et Bosch mettent au point un système d'injection directe adaptée aux moteurs d'avions comme celui du ME109 ou durant la Seconde Guerre mondiale. Les avions américains utilisent des injecteurs multipoints (un injecteur par cylindre), comme ceux que l'on trouvait dans la plupart des voitures de l'an 2000, ce qui veut dire qu'avec le système d'injection d'eau inventé à la même époque et qui se trouve sur la récente BMW M4 GTS, les moteurs actuels dans les voitures sont donc déjà dépassés de 70 à 80 ans, donc on n'a rien inventé.

Son rôle et son fonctionnement

L'injecteur est très important pour le moteur, c'est une pièce qui, la plupart du temps, ressemble et a les mêmes dimensions qu'un gros stylo, qui se situe en général soit dans le collecteur d'admission, soit dans la culasse. Il y a au minimum un injecteur par cylindre (même si avant il y avait le système du gros injecteur pour tous les cylindres qu'on appelle « injecteur monopoint », un peu comme le carburateur, mais en plus petit, et ce système s'est vite retrouvé dépassé).

Son rôle consiste à envoyer le carburant sous haute pression (de 2 bars à 500 bars (F1)) dans la chambre de combustion afin de donner le carburant nécessaire au moteur pour faire fonctionner la voiture. L'injecteur moderne remplace le carburateur, surtout pour les véhicules essence, car dans les moteurs diesel, c'était pour la plupart des injecteurs mécaniques, puis électroniques. Le carburateur avait un fonctionnement simple qui préparait le dosage du mélange air/essence avec l'effet d'aspiration de l'air. En clair, plus le moteur aspirait de l'air, plus la vanne s'ouvrait pour laisser passer le carburant. Le dosage parfait était de 1 volume d'essence pour 15 volumes d'air (au lieu de 14,7 pour les moteurs à injection), mais autant dire qu'avec les variations de pressions, etc., ce dosage mécanique libérait souvent trop d'essence, ce qui augmentait la consommation et la pollution.

L'injecteur s'est mis à remplacer le carburateur pour un dosage plus précis, ce qui améliore le rendement moteur.

Le carburant est injecté dans la chambre de combustion et va « exploser » dans le cas de l'essence (le terme combustion rapide est plus approprié) et « brûler » et se dilater pour les diesels, fournissant l'énergie nécessaire pour pousser les pistons, qui vont eux-mêmes actionner le vilebrequin qui va faire tourner la boîte de vitesse puis les roues. L'emplacement des injecteurs ainsi que leur nombre par cylindre est différent selon les moteurs, ce qui donne l'injection directe et l'injection indirecte et la bi-injection.

L'INJECTION DIRECTE

L'injection directe, c'est le système d'injection de base, car c'est le plus répandu à l'heure actuelle pour son coût réduit avec un bon rendement. Comme son nom l'indique, l'injecteur ou du moins le bout de l'injecteur se situe directement dans le cylindre pour injecter le carburant sous forte pression au moment voulu.

Cette méthode permet de conserver une admission plus propre, car seul l'air y passe, et non pas le mélange air/carburant. Néanmoins, comme l'injecteur est dans la chambre de combustion il subit la pression exercée par la poussée créée par l'explosion ; il est alors poussé vers l'extérieur et est donc plus sollicité par rapport à l'injection indirecte.

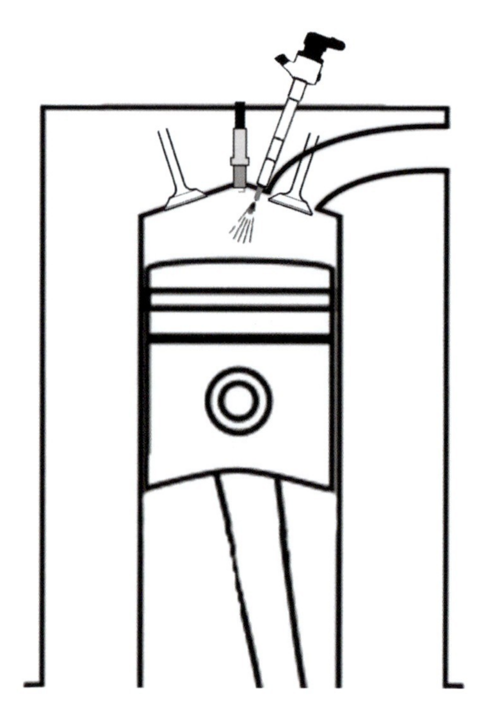

Schéma injection directe

L'INJECTION INDIRECTE

L'injection indirecte des moteurs essence et diesel est légèrement différente ;

- **Moteur essence** : l'injecteur est placé dans l'admission (injection monopoint) ou bien très proche des soupapes d'admission, dans le collecteur d'admission, il y a généralement un injecteur par cylindre installé dans le conduit d'admission (injection multipoint). Le mélange s'effectue par vaporisation du carburant, le carburant est fortement injecté dans l'admission et se mélange avec l'air avant d'entrer dans le cylindre.

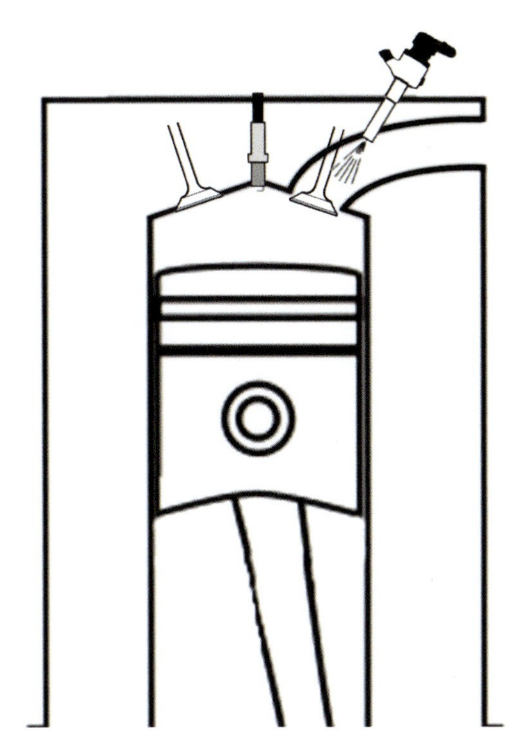

Schéma injection indirecte multipoint (Essence)

- **Moteur diesel** : l'injecteur se situe dans une petite chambre séparée, appelée la préchambre de combustion, en forme de boule, qui donne directement sur le cylindre, donc un peu comme une injection directe, mais sans être directement dans la chambre de combustion. Cette méthode avait été choisie, car elle améliore la combustion du diesel.

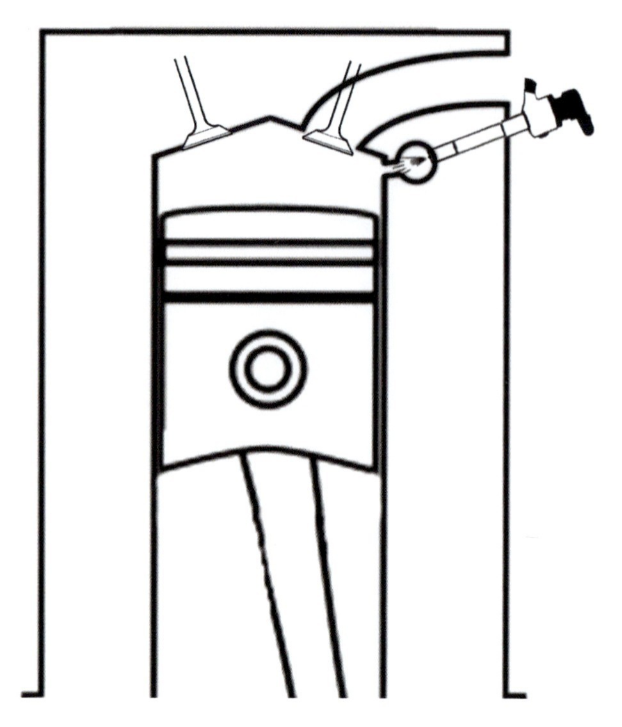

Schéma injection indirecte (Diesel)

LE SYSTEME BI-INJECTION (ESSENCE)

Le système bi-injection, spécialement dédié au moteur essence de performance, reprend l'injection directe et indirecte multipoint, et regroupe alors tous les avantages, tout en réduisant le nombre d'inconvénients. Mais son inconvénient majeur qui le pousse à être utilisé uniquement sur les voitures moyennes et haut de gamme, ainsi que sur les sportives, c'est son coût de fabrication, ce qui est logique, car il faut 2 injecteurs par cylindre, l'injecteur direct + indirect. Mais il est choisi pour les moteurs des sportives, car l'injection directe émet plus de particules que les moteurs diesel, donc en rajoutant l'injection indirecte, on élimine alors ce problème de particule, tout en préservant les avantages de l'injection directe.

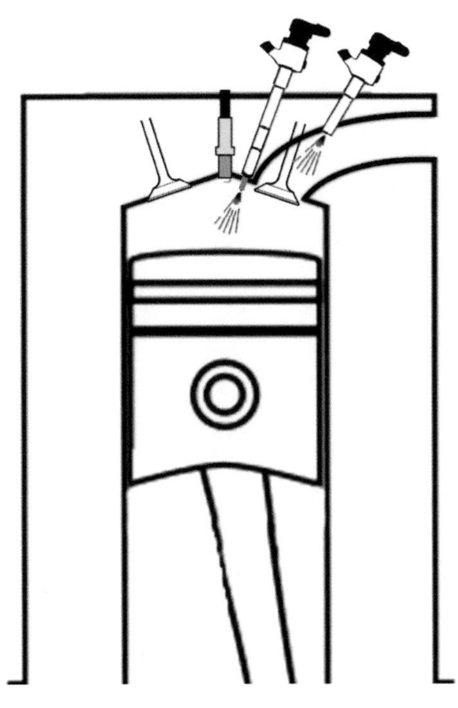

Schéma bi-injection

À l'heure actuelle, la meilleure architecture d'injection, que ce soit en matière de puissance ou de rendement, c'est l'injection directe. Et plus celui-ci possède une pression élevée, plus le système d'injection est efficace.

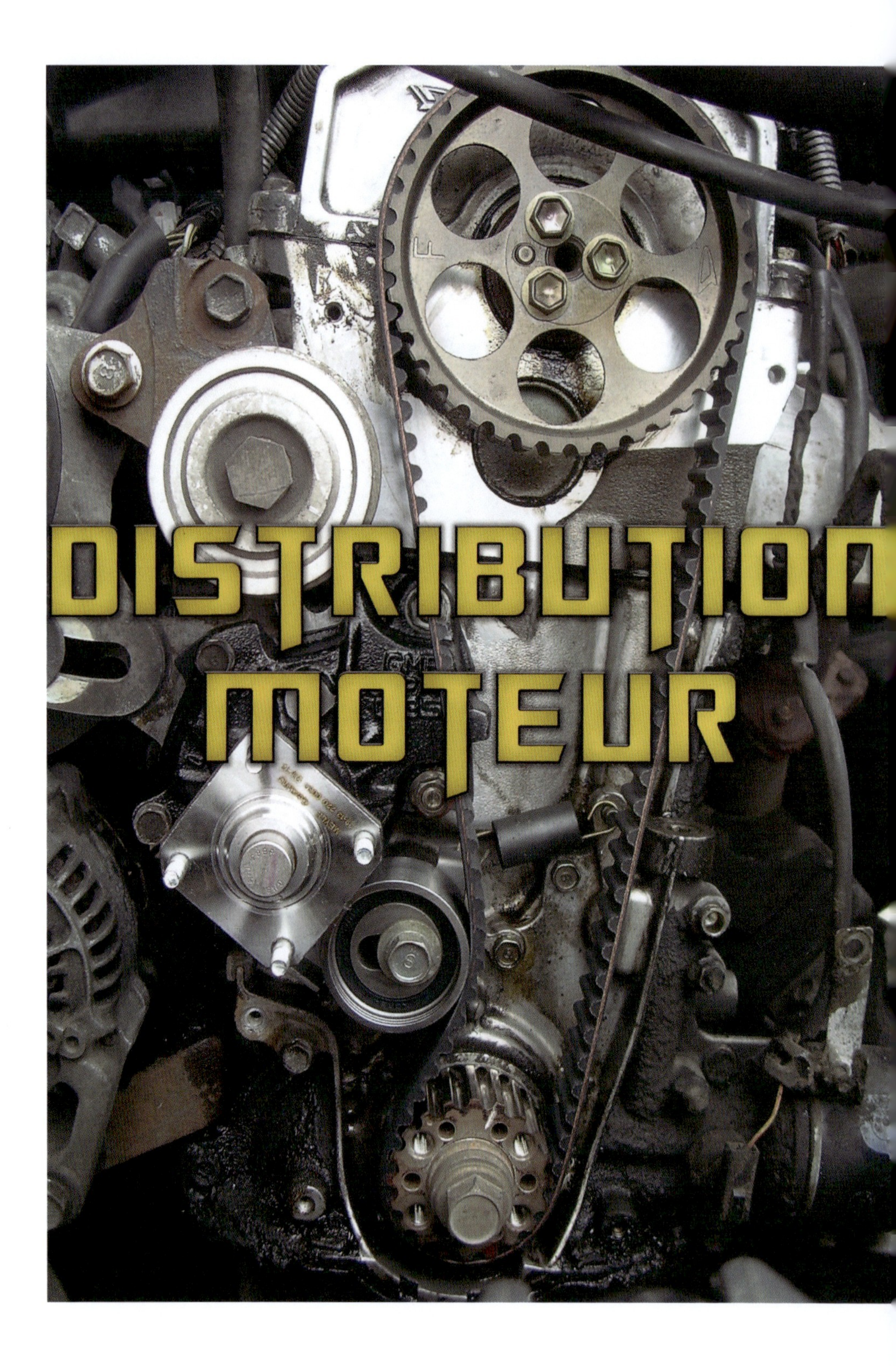
DISTRIBUTION
MOTEUR

DISTRIBUTION MOTEUR

CHAÎNE ET COURROIE DE DISTRIBUTION

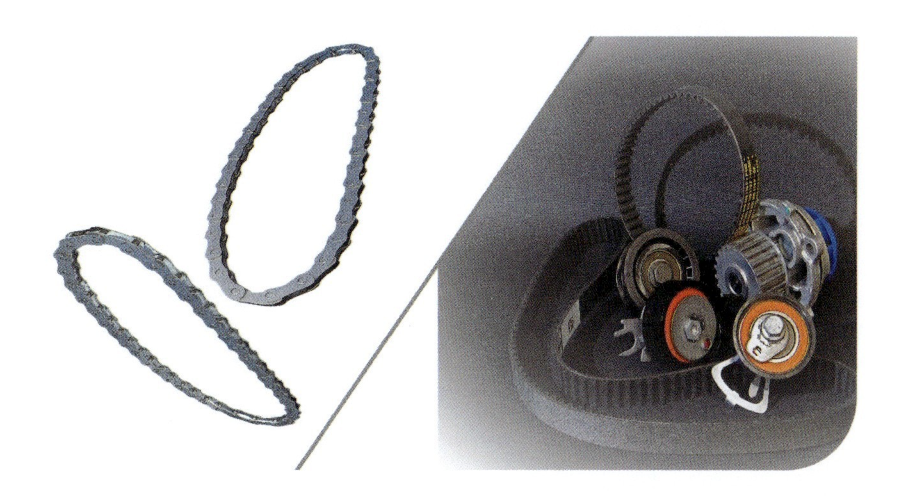

La courroie ou chaîne de distribution, c'est LA PIÈCE la plus importante du moteur.

C'est simple, si vous négligez son entretien ou son changement, celui-ci casse, et dites alors adieu à votre moteur.

Prenons un exemple : on a tous entendu l'expression « le fil de la vie » qui signifie que si le fil se casse, on meurt. C'est exactement pareil pour le moteur, la courroie ou la chaîne de distribution, c'est « le fil de la vie » d'un moteur. Si celui-ci casse, il meurt.

La fonction de ces deux pièces

La fonction de la courroie ou chaîne de distribution est importante.

Comme expliqué brièvement dans le tome 1 de cette série, elle a pour but de synchroniser la partie haute du moteur avec la partie basse, elle synchronise les mouvements des soupapes et des pistons durant les différentes phases de fonctionnement du moteur pour éviter que les pistons et les soupapes (qui fonctionnent dans le même espace) se cognent, s'écrasent et tout simplement broient le moteur. Quand on sait qu'une courroie coûte 80 € environ et une chaîne 150 à 200 € environ. Cela vaut le coup de changer cette pièce, plutôt que de racheter un moteur neuf qui coûte entre 5 000 et 70 000 € (bon, je précise que 70 000 €, c'est le gros moteur du style W12, W16, etc.), donc, changez régulièrement votre courroie ou chaîne de distribution comme le préconise le constructeur.

LA COURROIE DE DISTRIBUTION

La courroie de distribution est principalement composée de caoutchouc avec à l'intérieur, une sorte de renfort en métal tressé, comme on en retrouve dans la carcasse d'un pneu.

La courroie était utilisée pour toutes les petites motorisations jusqu'en 2011, mais avec l'arrivée du moteur FORD Ecoboost et toutes les nouvelles motorisations des constructeurs, les moteurs sont passés pour la plupart à des chaînes.

AVANTAGES

- La courroie étant plus légère que les chaînes, elle fait perdre moins de puissance au moteur, c'est pour cette raison que les chaînes étaient réservées aux gros moteurs, au même titre que les compresseurs mécaniques ;
- La courroie coûte beaucoup moins cher qu'une chaîne, allant jusqu'à 3 fois moins cher que celle-ci ;

- La courroie étant faite de caoutchouc, elle résiste beaucoup mieux aux déformations qu'une chaîne

INCONVÉNIENTS

- La courroie nécessite d'être remplacée plus souvent qu'une chaîne, donc elle coûte moins cher à l'achat certes, mais revient parfois plus cher sur le long terme, sur la durée de vie du moteur ;

- La courroie de distribution ne peut être installé que sur les petits moteurs, car elle ne résiste pas aux gros moteurs, du moins en théorie (il y a des moteurs à courroie, préparée à plus de 1000 chevaux pour la route, munies de courroie renforcée) ;

- La courroie étant faite de caoutchouc, elle est peu recyclable, au même titre qu'un pneu de voiture.

La courroie peu se casser au niveau des dents, et ne provoquer aucun allumage de capteur au le tableau de bord. Ce qui fait que si la voiture démarre là où il y a encore des dents et que vous continuez à rouler ainsi, il se peut que le moteur se désynchronise au fil du temps, et ce, jusqu'à la casse moteur, c'est ce qu'on appelle la mort silencieuse.

LA CHAÎNE DE DISTRIBUTION

La chaîne de distribution est principalement composée d'acier, d'alu ou de titane, c'est un ensemble de petits maillons comme ceci :

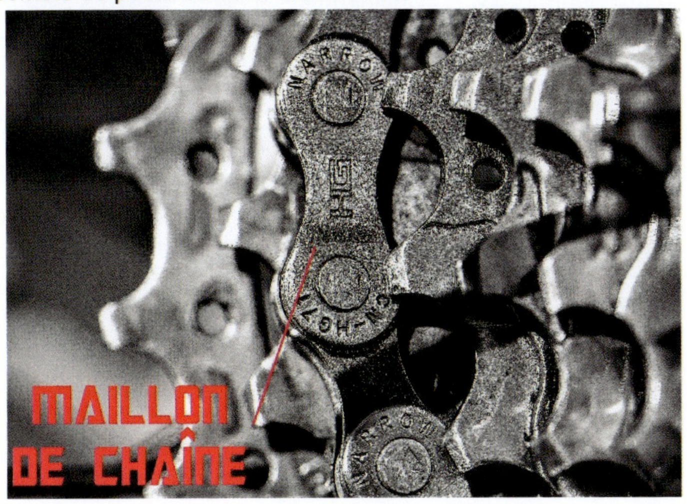

Reliés les uns aux autres et qui possèdent des orifices pour insérer les dents des poulies du moteur, la chaîne est clairement utilisée dans presque tous les moteurs depuis 2011 avec l'arrivée du moteur FORD Ecoboost.

Beaucoup de constructeurs, dont Ford et Peugeot, pour réduire la friction entre les pièces, utilisent une distribution à bain d'huile, c'est-à-dire que de l'huile est présente vers la poulie du vilebrequin et la chaîne passe à travers cette huile pour être lubrifiée.

AVANTAGES

- La chaîne de distribution étant en métal, elle est mieux recyclée que la courroie ;
- La chaîne de distribution résiste bien mieux qu'une courroie aux changements de températures et aux conditions atmosphériques ; pourquoi ?
    - Car le caoutchouc se déforme plus que le métal, qui lui ne bouge pas le moins du monde. La chaîne de distribution peut résister à beaucoup plus de couple et de chevaux qu'une courroie, d'où sa principale raison d'avoir été placée sur les gros moteurs ou les moteurs actuels, petits, mais puissants et très coupleux ;
- La chaîne de distribution est beaucoup plus durable et solide qu'une courroie ; de ce fait, les chaînes se changent assez rarement (200 000 km au minimum) voire carrément pas du tout ; sur certains moteurs, les chaînes ont une durée de vie similaire à la durée du moteur ;
- Contrairement à la courroie, la chaîne ne sortira jamais de son logement une fois mise en place et serrée. Du moins très, voire trop rarement si on la compare à une courroie, car elle est maintenue par des dents présentes sur les poulies et qui rentrent dans le creux des maillons qui constituent la chaîne, donc à moins d'avoir une casse de chaîne, c'est chose impossible ;
- Et pour finir, une chaîne de distribution est pratiquement incassable ; certes, on le fait changer pour éviter les surprises, mais c'est tellement plus solide qu'une courroie que c'est EXTRÊMEMENT EXTRÊMEMENT RARE.

INCONVÉNIENTS

- Une chaîne de distribution coûte trois fois plus cher qu'une courroie ;
- La chaîne de distribution nécessite des poulies et des tendeurs prévus pour et plus solides ;
- La chaîne fait perdre de la puissance au moteur, et fait monter légèrement la consommation de celui-ci ;
- La chaîne émet un petit bruit, c'est pour cette raison que les moteurs à chaînes font plus de bruit que les moteurs à courroies.

LA POULIE DAMPER

La poulie Damper est la poulie d'accessoire du vilebrequin, elle est un élément assez important d'un moteur thermique, notamment diesel. La poulie Damper entraîne la courroie d'accessoire et forcément, elle tient un rôle assez important quant au bon fonctionnement du moteur et des périphériques de celui-ci (climatisation, alternateur, pompe à eau, etc.).

Qu'est-ce que la poulie Damper ?

La poulie Damper est une poulie amortisseuse, placée en bout du vilebrequin du moteur. Elle a pour but d'allonger la durée de vie du moteur. Son rôle est d'amortir les à-coups engendrés par le moteur et les périphériques du moteur. C'est une poulie qui a plusieurs gorges, composée d'un caoutchouc du style "silent bloc", d'une partie résistante métallique à l'extérieur et d'une partie métallique centrale qui reçoit l'extrémité du vilebrequin.

Avec l'arrivée des nouveaux moteurs, le couple augmente de plus en plus, ce qui oblige la poulie Damper à amortir les à-coups qui sont de plus en plus présents, notamment avec les 3 cylindres, car plus le nombre de cylindres est réduit, plus il y a d'à-coups.

Il faut donc vérifier son usure lors du changement de la courroie ou chaîne de distribution, car elle est en général facilement visible, donc il faut la remplacer en cas de besoin, et ce, même si le prix de la poulie renchérit votre révision. Pourquoi ? Car si la partie en caoutchouc est défaillante, c'est votre moteur qui risque d'en subir les conséquences et donc de finir complètement broyé par les à coup, au même titre qu'un non-remplacement de la courroie ou de la chaîne de distribution. Donc si vous sentez des vibrations anormales du moteur, un conseil : changez rapidement cette poulie Damper.

Le coût d'une poulie Damper revient en moyenne à 100 euros, sinon pour des versions renforcées, comptez 120 euros. Bien sûr, évitez la contrefaçon, ce qui paraît logique.

ROUE DENTÉE D'ARBRE À CAMES

La roue dentée d'un arbre à cames est un élément extrêmement important, car c'est grâce à cette poulie que l'on peut synchroniser le bas moteur du haut moteur.

Elle permet de bien positionner et de bien régler (dans le cas de poulie pour voiture préparée) les soupapes par rapport au piston, pour éviter que les pistons ne rentrent en collision avec les soupapes et détruisent le moteur.

Le nombre de roues dentées d'arbre à cames diffère d'un moteur à un autre. Il y a une roue par arbre à cames, donc on peut avoir une roue dentée (moteur HDI 2,0 l de 90 ch, par exemple) et on peut avoir 4 roues dentées sur un seul moteur (double arbre à cames en tête, moteur en V). Cette pièce est simple, mais très importante pour un moteur ; d'ailleurs, il existe des versions « performance » de ces roues, notamment car elles sont allégées ; grâce à elles, le moteur consomme moins de carburant, tout en étant plus puissant et surtout plus coupleux, car 1 kg enlevé sur une pièce en mouvement du moteur équivaut, lorsque le moteur tourne, à un poids réduit de 10 kg, j'espère que vous m'avez compris ? En gros, plus les pièces mobiles sont légères, meilleur est le moteur à tous les points de vue : conso, puissance, couple, souplesse, etc., etc.

LE GALET TENDEUR

Le galet tendeur est une poulie qui tourne dans le vide, qui a pour but de maintenir une pression sur la courroie de distribution, comme ceci :

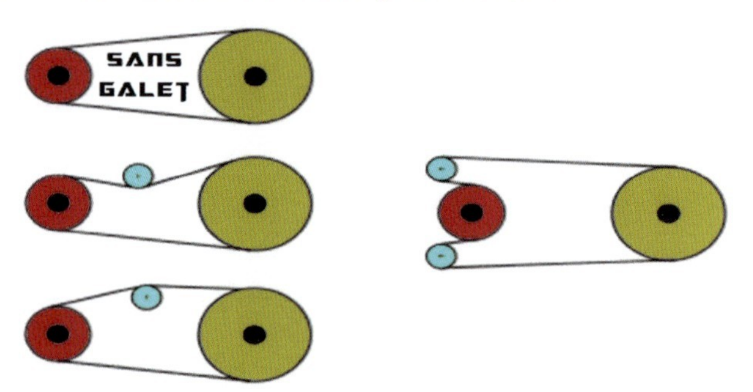

Le galet tendeur est composé d'un support sur lequel il y a la poulie qui est en général située à l'extrémité du support afin que celui-ci appuie parfaitement sur la courroie.

Il existe deux types de galets tendeurs : les galets tendeurs manuels et les galets tendeurs automatiques (ou à ressort).

Le galet tendeur manuel :

Le galet tendeur manuel existe en deux types.

Ils sont soit axiaux (réglés par une vis qui plaque directement la poulie sur la courroie), soit rotatifs (réglés grâce à deux petites vis, l'une servant à fixer et l'autre, par une entaille– comme les œillets ovales des feuilles à carreaux –, à régler l'inclinaison de la poulie). Ce type de galet est fixe et doit être réglé par le technicien pour assurer une bonne pression du galet sur la courroie.

AVANTAGES :

- Ce type de galet est moins complexe donc moins cher à l'achat ;
- Ce type de galet est plus résistant, plus robuste, car ne contient pas de pièce mobile à par la poulie.

INCONVÉNIENTS :

- Ce type de galet endommage la courroie à forte charge ;
- Ce type de galet à tendance à se relâcher au fil du temps ;
- Ce type de galet, s'il se casse, peut réduire le moteur à néant.

Le galet tendeur automatique :

Le galet tendeur automatique, tout comme le manuel, est soit axial (la vis devient alors un ressort), Soit rotatif (tout comme l'axial, il contient un ressort, mais positionné différemment).

AVANTAGES :

- Ne se casse pas net comme la version manuelle, il s'use juste, et dans certains modèles, il est muni d'un capteur pour annoncer une usure ;
- Aucun technicien n'est nécessaire pour régler le galet tendeur ;
- Maintien une pression constante à faible ou forte charge sur la courroie ;
- Use beaucoup moins la courroie à forte charge, car celui-ci se détend légèrement.

INCONVÉNIENTS :

- Qui dit automatique, dit plus cher à la fabrication et à l'achat ;
- S'use plus vite qu'un galet tendeur manuel, car le ressort est sollicité en permanence ;
- Ce type de galet est bien plus lourd que la version manuelle.

TENDEUR DE CHAÎNES

TENDEUR DE CHAÎNE

Le tendeur de chaînes possède le même objectif que le galet tendeur pour la courroie : permettre de créer suffisamment de pression sur la chaîne pour la maintenir en place à faible ou forte charge.

La différence avec le galet tendeur est que le tendeur de chaînes n'est pas muni de poulies libres, c'est juste un gros patin comme ceci :

AVANTAGES :

- Le tendeur de chaînes est très facile à installer ;
- Il est très simple dans sa conception.

INCONVÉNIENTS :

- Le tendeur de chaînes est aussi cher, voire plus cher qu'un galet tendeur automatique pour courroie, car le tendeur de chaînes ne possédant pas de poulie libre, il doit être à la fois résistant à l'usure et avoir une surface avec peu de friction pour éviter la perte d'énergie ;
- Si le tendeur de chaînes possède une qualité médiocre #madeinchina, il peut abîmer ou endommager sérieusement la chaîne, donc faites attention.

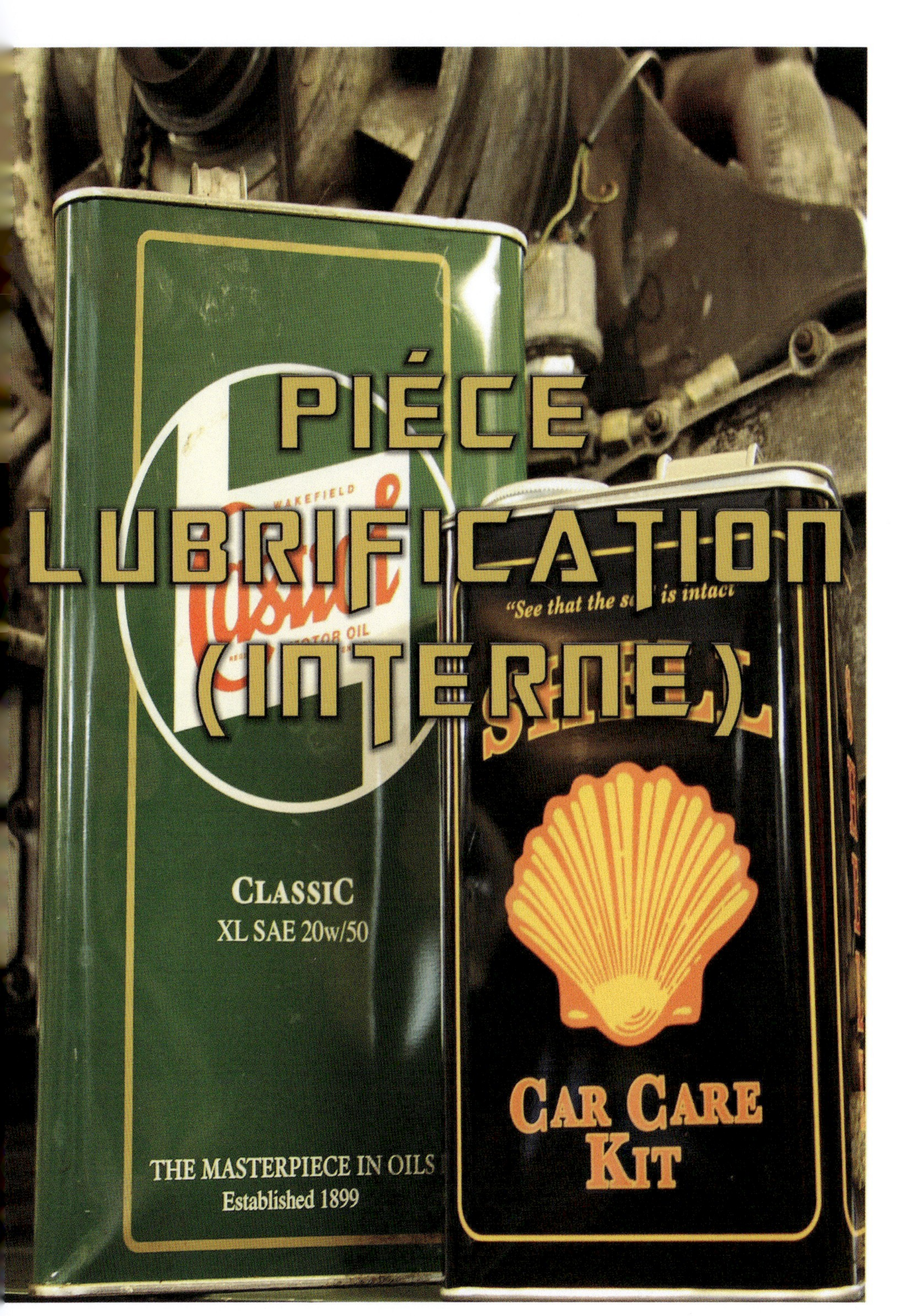
PIÉCE
LUBRIFICATION
(INTERNE)
WAKEFIELD
CLASSIC
XL SAE 20w/50
THE MASTERPIECE IN OILS
Established 1899
CAR CARE
KIT

PIÈCE LUBRIFICATION (INTERNE)

LE CARTER D'HUILE MOTEUR

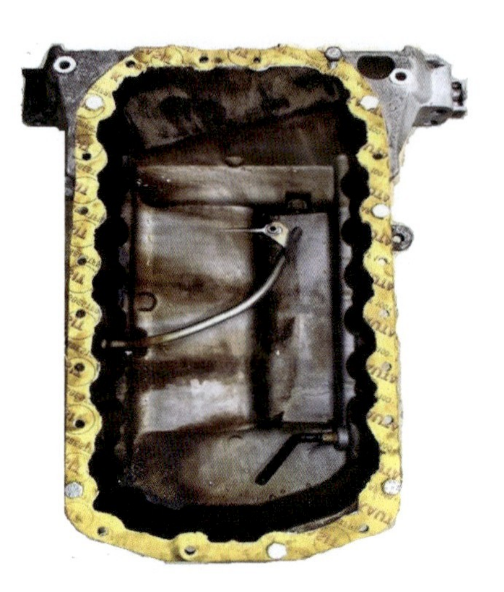

Le carter d'huile est un récipient dans lequel est stockée l'huile et qui a également pour but de récupérer l'huile moteur qui redescend des pistons. Il existe deux types de carters d'huile, les carters humides, dits classiques, et les carters secs.

Le carter humide

Le **carter humide** contient l'huile du moteur. Un moteur thermique n'a qu'un carter humide, peu importe la grosseur ou le nombre de cylindres. Le carter humide se trouve en général en dessous du véhicule où il récupère l'huile moteur venant des cylindres, d'où son surnom en créole réunionnais « la marmite l'huile ». Il est utilisé sur la plupart des voitures, car moins cher à fabriquer. Le carter humide accueille la pompe à huile et pour certains modèles, le filtre à huile. C'est le type de carter le plus utilisé actuellement.

AVANTAGES

- Le circuit de lubrification est plus BEAUCOUP plus simple et plus petit que celui d'un carter sec (d'où son faible coût par la même occasion), du fait de l'absence de réservoir externe et de diverses pompes et récupérateurs d'huile dans le bas moteur ;
- Le carter étant situé près du vilebrequin, les bas des bielles sont alors trempés dans l'huile, ce qui projette celle-ci dans toute la partie basse du moteur et permet un bon refroidissement et une répartition de la chaleur dans la partie basse du moteur.

INCONVÉNIENTS

- Le centre de gravité d'un moteur équipé d'un carter humide est plus élevé que celui d'un moteur à carter sec ;

- Le remous des bielles dans l'huile du carter fait perdre de la puissance au moteur et surtout beaucoup de couple ;
- L'huile présente dans le carter se déplace beaucoup dans les virages serrés. Résultat : elle n'alimente plus la pompe à huile, ce qui peut avoir des effets très graves sur le moteur. C'est la raison principale pour laquelle les sportives, supercars et formules 1 sont équipées d'un carter sec.

Le carter sec

Le **carter sec**, c'est l'évolution directe du carter humide ; c'est un système de lubrification qui utilise un ou plusieurs réservoirs d'huile indépendants, c'est-à-dire qu'ils sont séparés du bloc-moteur. En gros, le carter n'est plus en dessous du moteur, mais juste un ou deux gros bacs situés à côté du moteur.

Ce système est ingénieux, car comme le vilebrequin n'est plus en train de baigner dans l'huile du carter, il supprime les pertes de puissance liées au barbotage de celui-ci dans l'huile. Comme l'huile est dans un réservoir à part, il permet alors une excellente lubrification des moteurs qui doivent pouvoir fonctionner dans toutes les positions et lors des virages serrés.

Le carter sec est utilisé pour tous les véhicules, sur des motos, des voitures sportives, des supercars, en formule 1 et dans l'aviation pour la raison mentionnée ci-dessus, c'est-à-dire pour fonctionner, peu importe la position du moteur.

AVANTAGES

- Encore une fois, comme l'huile est stockée à l'extérieur du moteur et grâce à l'architecture de la pompe à huile, il permet au moteur d'être lubrifié en permanence, évitant ainsi les problèmes de lubrification en virages serrés, en courbes serrées à haute vitesse, durant les loopings (en aviation) ou en cas de forte descente ou montée ;
- Comme l'huile est stockée à l'extérieur du moteur, le carter est, quant à lui, plus fin, ce qui permet d'abaisser le centre de gravité du moteur, ce qui améliore le comportement du véhicule ou permet d'augmenter la garde au sol, comme pour le cas des véhicules tout terrain. Ce système sera très prisé par Porche et Subaru pour leurs moteurs à plat, qui offrent un centre de gravité extrêmement bas.

INCONVÉNIENTS

- Ce système nécessite une ou plusieurs pompes de vidange du carter en plus de la pompe à huile traditionnelle ;
- Le circuit de lubrification est plus complexe et tout ce qui est complexe est alors très coûteux, ce qui augmente forcément les coûts ;
- La nécessité d'utiliser des embrayages de petit diamètre ou un système à double embrayage, car le gros disque d'embrayage fait rehausser le moteur, ce qui fait perdre tous les avantages d'un carter sec.

LA POMPE À HUILE

La pompe à huile est un dispositif essentiel au bon fonctionnement du moteur et des pièces mobiles internes. Son rôle consiste à faire circuler l'huile moteur qui doit lubrifier toutes les pièces en mouvement du moteur, et ce, afin d'éviter que le moteur soit usé au bout de 10 000 kilomètres à cause de la friction des pièces en mouvement (piston, soupape, vilebrequin, etc.).

La pompe à huile est entraînée, soit grâce à un système d'engrenages, soit grâce à une chaîne reliée au vilebrequin. Lorsque la pompe est en mouvement, l'huile est alors aspirée par celle-ci dans le fond du carter, elle passe par un pré filtre en forme de crépine (une grille hyper tressée) pour être ensuite envoyée dans les parois du bloc-moteur et la culasse sous haute pression, via un circuit moulé intégré au bloc-moteur. L'huile passe alors par le filtre à huile, elle circule simultanément dans le moteur, afin de lubrifier toutes les pièces en mouvement, et dans le turbocompresseur (via un circuit externe au moteur) avant de retourner au carter. Il existe aujourd'hui, et grâce notamment à Ford, deux types de pompes à huile.

Les pompes à huile classique

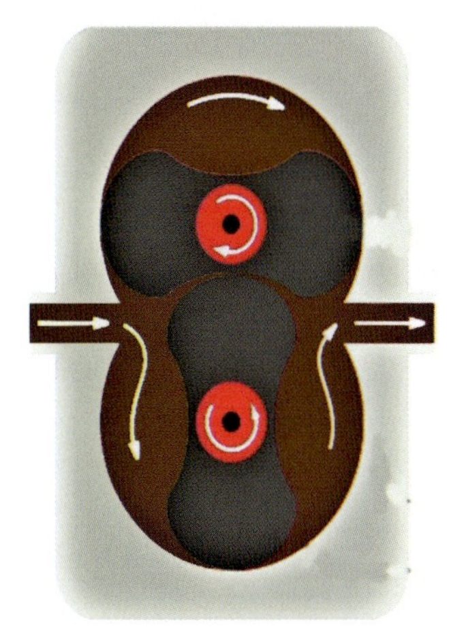

Les pompes à huile classique, qui sont principalement à vis, tournent suivant le régime moteur.

Les pompes à cylindrée variable.

Plus complexes et plus chères, elles sont largement meilleures que les pompes classiques. Le principe est simple, elles possèdent un ressort qui, à bas régime, augmente la quantité d'huile entre les pales de la pompe. À haut régime, le ressort ne peut plus retenir le centre amovible de la pompe, celle-ci va donc reprendre sa place initiale et réduire la quantité d'huile entre les pales ; le but était qu'à bas comme à haut régime, la quantité et la pression d'huile circulant dans le moteur soit suffisante pour bien lubrifier les pièces en mouvement, afin de faire durer davantage le moteur et de réduire les frictions, permettant ainsi d'augmenter le rendement du moteur, chose qui pouvait poser problème à bas régime avec une pompe à huile standard.

LES GICLEURS D'HUILE

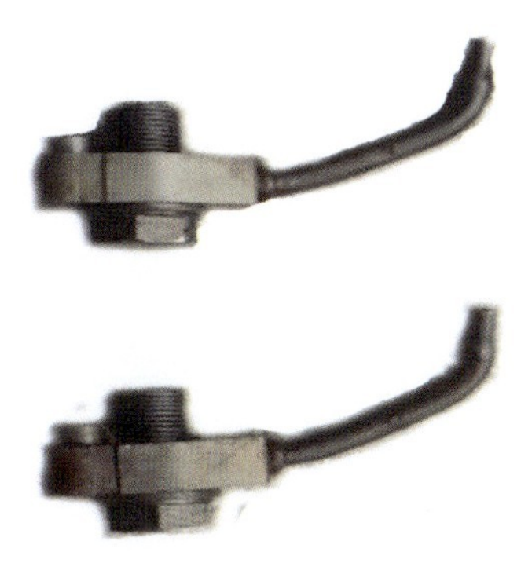

Les gicleurs d'huile ont pour but, de gicler !😂 Noooon…Je plaisante, ils servent à lubrifier les parois du cylindre et à refroidir les pistons, pour ainsi augmenter la durée de vie du moteur à combustion interne.

Comment cela lubrifie les pistons ?

L'huile, qui vient de la culasse via le circuit prévu pour la lubrification du moteur, est projetée sous forte pression à l'intérieur du cylindre. Cette huile refroidit alors les pistons du moteur de façon très efficace, pour ensuite passer par de petits trous situés dans un anneau creusé dans le cylindre, et ainsi créer un film d'huile entre le piston et la chemise de cylindre ; ce qui permet de réduire les frictions entre les pièces mobiles.

La position du gicleur doit être déterminée avec précision afin de cibler l'impact du jet d'huile sur le fond de piston ou dans la galerie des pistons (conduits creusés, à l'intérieur du piston pour le refroidir, astuce utilisée notamment par BMW pour son moteur diesel N47).

Bontaz est le principal fournisseur de tous les constructeurs automobiles mondiaux, un peu comme MAHLE pour les pistons, pour beaucoup de constructeurs automobiles. Pour sa stratégie d'extension, Bontaz a choisi de s'installer dans les pays où se situent ses clients, en produisant et distribuant ses produits localement.

LES CHEMISES DE CYLINDRES

Les chemises de cylindres sont des tubes circulaires intégrés au bloc-moteur dans lequel le piston du moteur, qui est de même diamètre que la chemise (à quelques micromètres près pour laisser passer l'huile moteur), monte et descend.

Il existe deux types de chemises de cylindre dans un moteur : les chemises humides (alias chemise sans paroi), les chemises sèches (chemise avec paroi) et les chemises à alésage direct, ou appelées bloc-moteur sans chemise (fixe).

Chemises sèches

Les chemises sèches, comme expliqué précédemment, sont des chemises avec paroi. Elles sont usinées avant le montage. Les blocs qui accueillent les chemises sèches sont, soit en fonte, soit en aluminium. Dans le cas d'un bloc en fonte, les chemises pourront être remplacées après une usure importante, car elles sont usinées avant et mises à part pour le montage dans le bloc.

Dans le cas d'un bloc en aluminium, les chemises sèches seront mises en place à la fabrication du bloc et pourront donc être réalésées, mais ne seront pas amovibles, donc remplaçables, car elles sont incorporées à la coulée dans l'aluminium.

Mais il existe quantité de moteurs de moto et quelques rares moteurs de voiture en aluminium dont les chemises sèches sont amovibles. Dans ce cas, pour les monter dans le bloc-moteur, on doit réduire le diamètre de la chemise ; pour ce faire, on la plonge dans de l'azote liquide ou on dilate le bloc-moteur en le faisant chauffer, juste avant le montage de celui-ci.

AVANTAGES :

- Chemise amovible pour les moteurs en fonte donc que l'on peut changer en cas d'usure ;
- Ce type de fabrication coûte moins cher, et est plus écologique, car il y a moins de pertes de matériaux, comparativement à un usinage ;

- Moteur plus robuste, car les chemises sont insérées dans un cylindre avec paroi donc résistance du bloc-moteur, combiné avec celle de la chemise.

INCONVÉNIENTS :

- Chemise amovible, Ok. Mais dans le cas des moteurs en fonte, il faut impérativement des chemises avec le même matériau que le bloc, car la dilatation n'est pas la même entre les matériaux ;

- Lors d'une casse moteur, si les éclats traversent les chemises et percent le bloc-moteur, il faut alors changer tout le bloc avec les chemises, ce qui fait très cher le moteur.

Chemises humides

Les chemises humides, comme expliqué précédemment, sont des chemises amovibles. Elles sont usinées avant le montage, dans des matériaux plus résistants à l'usure que le bloc-moteur, ou avec un coefficient de friction réduit (bloc moteur en fibre de carbone par exemple, actuellement au stade de prototype), par rapport au matériau du bloc-moteur.

La chemise est coulée par la force centrifuge sur des appareils automatisés prévus pour (carrousel de centrifugation). Pour les monter dans le bloc-moteur, on doit réduire le diamètre de la chemise. Pour ce faire, on la plonge dans de l'azote liquide juste avant le montage de celui-ci. Les chemises humides sont très appréciées par les Japonais et notamment par la marque Subaru, il faut donc savoir qu'il y a deux types de chemises humides : les chemises humides avec le haut refermé comme ceci, (la chemise de cylindre est en contact direct avec le liquide de refroidissement à l'intérieur du bloc).

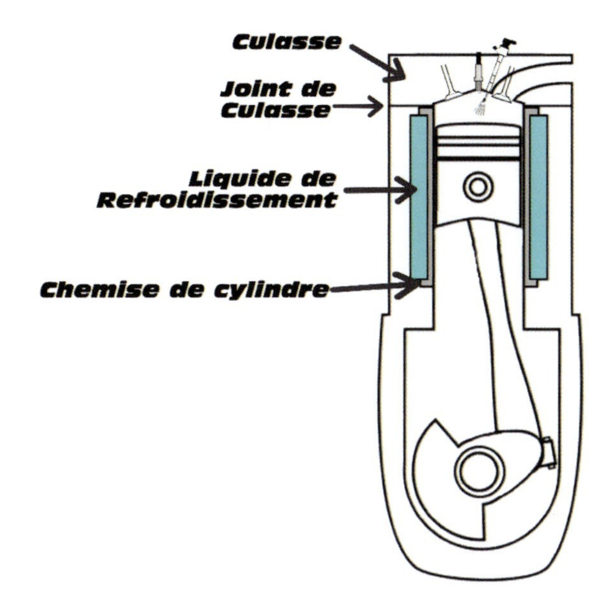

Schéma chemise humide fermée

Ou bien ce type de chemise sans paroi, où le haut n'est pas refermé, la séparation se faisant grâce au joint de culasse.

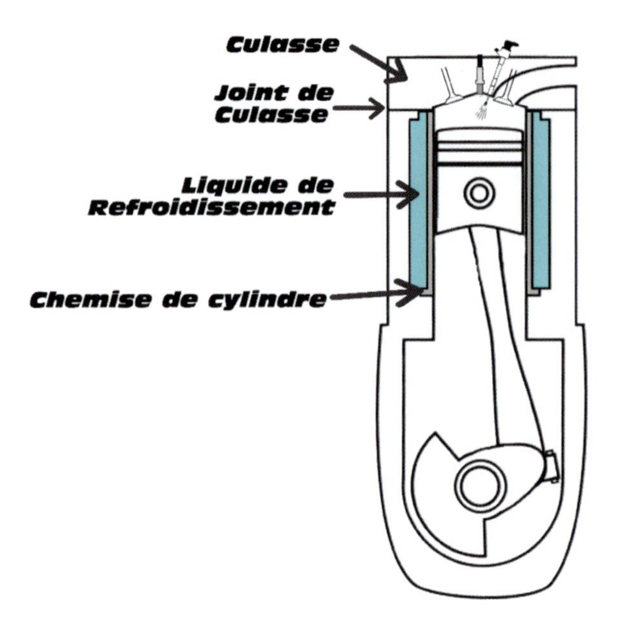

Schéma chemise humide ouverte

AVANTAGES :

- Permet d'avoir des chemises de cylindre d'un autre matériau que le bloc-moteur, exemple récent : prototype de bloc moteur en fibre de carbone avec chemise de cylindre en aluminium ou acier ;
- Chemises amovibles, donc que l'on peut changer si elles sont usées, ou lors d'un casse moteur. Ce qui fait des économies, car cela évite de changer tout le bloc-moteur ;
- Moteur plus robuste dans le cas des chemises avec paroi ;
- Amélioration possible du moteur en changeant les chemises pour d'autres, plus performantes.

INCONVÉNIENTS :

- Ce type de chemises présente beaucoup de fuites, notamment pour les chemises humides sans paroi, car la chemise n'étant pas fusionnée au bloc-moteur, l'huile ou le liquide de refroidissement peut atterrir dans la chambre de combustion, voire pire : se mélanger et créer une mayonnaise (un liquide dégoûtant ressemblant à une mayonnaise) ;

- Moteur fragile dans le cas des chemises humides sans paroi ;
- Le bloc moteur + les chemises coûtent plus cher à fabriquer que les chemises sèches, c'est-à-dire, fusionnées au bloc ;
- Les chemises de cylindre humides sont plus sujettes aux déformations créées par la chaleur que les chemises sèches, ce qui peut créer une usure prématurée du piston.

Bloc-moteur sans chemise

Les blocs moteurs sans chemise font partie intégrante du bloc-moteur, c'est-à-dire qu'elles sont coulées en même temps que le reste du bloc-moteur et ne sont donc pas démontables. Alors bon, c'est pratique d'un point de vue économique, mais quand le moteur casse, on est carrément obligé de changer le bloc-moteur entier, et ça coûte assez cher quand même.

AVANTAGES :

- L'ensemble bloc-moteur et chemise étant fait d'un seul montant (d'une seule pièce), il coûte alors moins cher à fabriquer ;
- Cet ensemble permet d'avoir un moteur plus léger comme il n'y a pas de séparation entre le bloc-moteur et la chemise ; donc toute fuite est alors impossible, à moins, bien évidemment de casser le bloc-moteur ;

- Meilleur refroidissement que sur les chemises sèches, et refroidissement identique au bloc avec chemises humides comme sur les moteurs Subaru, ou celui de la GT86 (qui est un moteur Subaru, Mdr).

INCONVENIENTS :

- Changement impossible en cas de rupture ou déformation de la chemise de cylindre, il faut alors changer le bloc-moteur entier ou le convertir en chemise sèche ;

- L'inconvénient majeur est que la chemise de cylindre est faite dans le même matériau que le bloc-moteur, donc au lieu d'avoir un bloc moteur résistant et des chemises avec peu de friction, il faut alors créer un bloc ayant les deux caractéristiques ;

- En cas d'augmentation du diamètre du piston, donc d'augmentation de l'alésage, pour agrandir la circonférence de la chemise, il faut alors creuser les parois, ce qui a pour conséquence de réduire l'épaisseur de la paroi de la chemise, et donc de la fragiliser grandement.

LES PALIERS

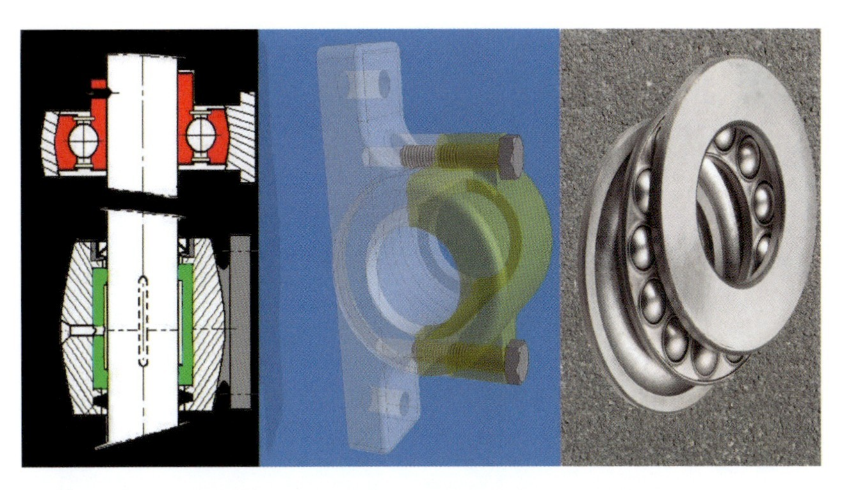

Les paliers sont des pièces métalliques circulaires utilisées en mécanique pour supporter et guider, en rotation, des arbres de transmission, et dans le cas du moteur thermique, les paliers d'arbre à cames et de vilebrequin.

Il existe principalement 3 types de paliers, pour les coussinets, je les traite à part juste après.

Paliers lisses

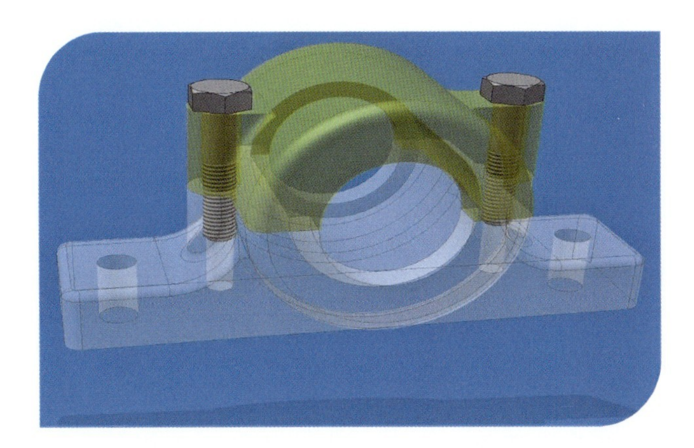

Les paliers lisses sont des paliers sur lequel reposent des composants. Comme les arbres à cames, ils sont classés suivant la direction de l'arbre et le sens de rotation de celui-ci. Chaque type de palier peut se différencier par un type de graissage particulier et adapté à l'emploi.

Paliers porteurs

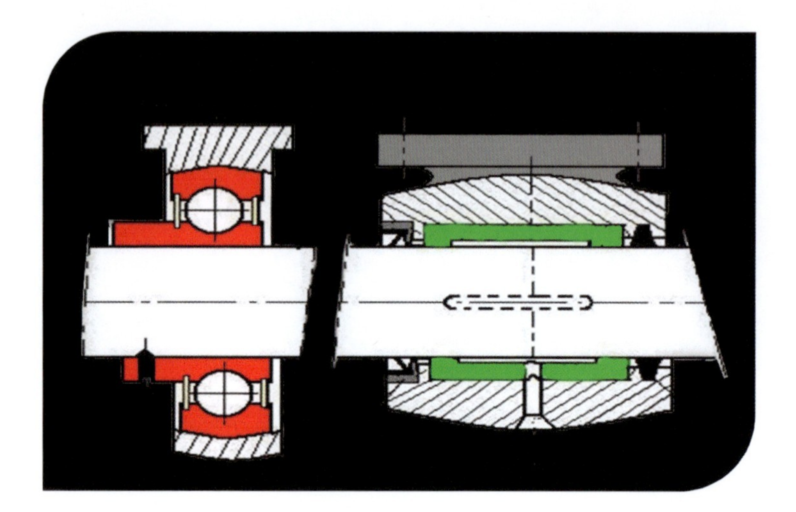

Les paliers porteurs ont pour but de soutenir comme son nom l'indique, des arbres. Donc pour le moteur thermique, cela concerne principalement le vilebrequin. Ils sont composés d'un joint-feutre, d'un joint à lèvre, et de deux vis pointeau.

C'est le palier le plus simple, il en existe trois types qui sont composés :

- D'un boîtier en fonte ou en alu et d'un coussinet d'une seule pièce. L'arbre se montant dans le sens axial, il convient pour de petites mécaniques facilement démontables ;
- Soit d'un boîtier et d'un coussinet usinés sous forme de rotule. Ce palier légèrement articulé permet un alignement de l'arbre beaucoup plus précis sur les paliers qui le soutiennent ;
- Soit d'un boîtier muni d'un couvercle et d'un coussinet en deux parties qui s'intègrent dans chaque moitié du palier.

Paliers de butée

Palier de butée : il est composé d'un contre-grain, et d'une butée à billes. Ces paliers ont pour but d'assurer le maintien de l'arbre dans le sens axial (sens de la longueur) pour ainsi éviter tout déplacement le long de son axe.

Il existe plusieurs types de butées, qui varient selon les efforts du système et les conditions de marche de celui-ci :

- Dans cas où l'arbre est muni d'une collerette taillée dans la masse (donc sur l'arbre en général), elles s'appuient sur une face interne du palier et possèdent un contre-grain lubrifié ;
- Il y a également l'arbre muni d'une collerette rapportée en une ou deux parties dans une gorge (dans un trou) et s'appuyant sur un contre-grain ; ce type de butée est surtout utilisé pour les moteurs demandant de gros efforts axiaux ;
- Dans le cas où le contre-grain de l'arbre est en acier traité et peut être muni d'emplacement pour créer un film d'huile qui facilite le glissement de l'arbre dans le palier ;
- Dans le cas où les vitesses de rotation sont élevées ou coupleuses, la butée peut être à billes. En gros, c'est comme un roulement à billes. Les billes ne sont pas enfermées entre les deux contours circulaires, mais entre les deux faces du roulement. Ce qui est assez embêtant, c'est que lors de l'ouverture, toutes les billes peuvent tomber dans certains cas ;

- Pour les efforts peu importants, l'arbre est équipé d'un vulgaire anneau en caoutchouc, d'un élastique ou circlips.

COUSSINETS

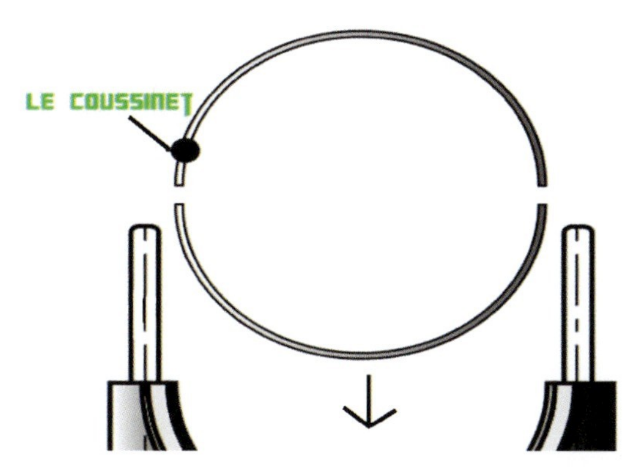

Les coussinets sont des lames en arc qui peuvent être d'une seule pièce (donc un cercle en métal) ou en deux parties pour faciliter le montage. La matière qui est utilisée dépend de l'usage et du coût.

Ils ont pour but de s'interposer entre un arbre et son logement pour faciliter le mouvement de rotation. Celui-ci est également lubrifié pour faciliter le mouvement encore davantage.

Il existe énormément de types de coussinets dans le monde, mais les types de coussinets employés pour le moteur thermique sont des coussinets métalliques antifrictions.

Ils sont construits à partir de divers matériaux (bronze, étain, plomb, polyamide, etc.) ou peuvent être composés de 3 couches de matériaux superposées appelés ATL trimétal. Ces coussinets sont principalement dédiés à la préparation moteur, d'où leur unique présence sur les sites de préparation moteur. Ils peuvent, suivant les variantes, être utilisés à sec ou avec lubrification, dans le cas de beaucoup de moteurs thermiques, par lubrification.

Une autre application des coussinets était bien connue et très répandue, ce sont les paliers à bain d'huile des anciens turbocompresseurs (roulement à billes pour les turbos maintenant) qui équipaient nos véhicules et qui supportaient des vitesses et des températures très élevées, mais néanmoins pas assez élevées. En effet, ils ont été aujourd'hui remplacés par les roulements à billes à filet d'huile. Ces roulements à billes sont légèrement lubrifiés, d'où la nécessiter d'avoir une connectique spéciale pour relier le turbo à la lubrification moteur, puisqu'une trop grande quantité d'huile pourrait endommager les roulements ou ralentir le turbo, car l'huile est plus dense que l'air et l'eau.

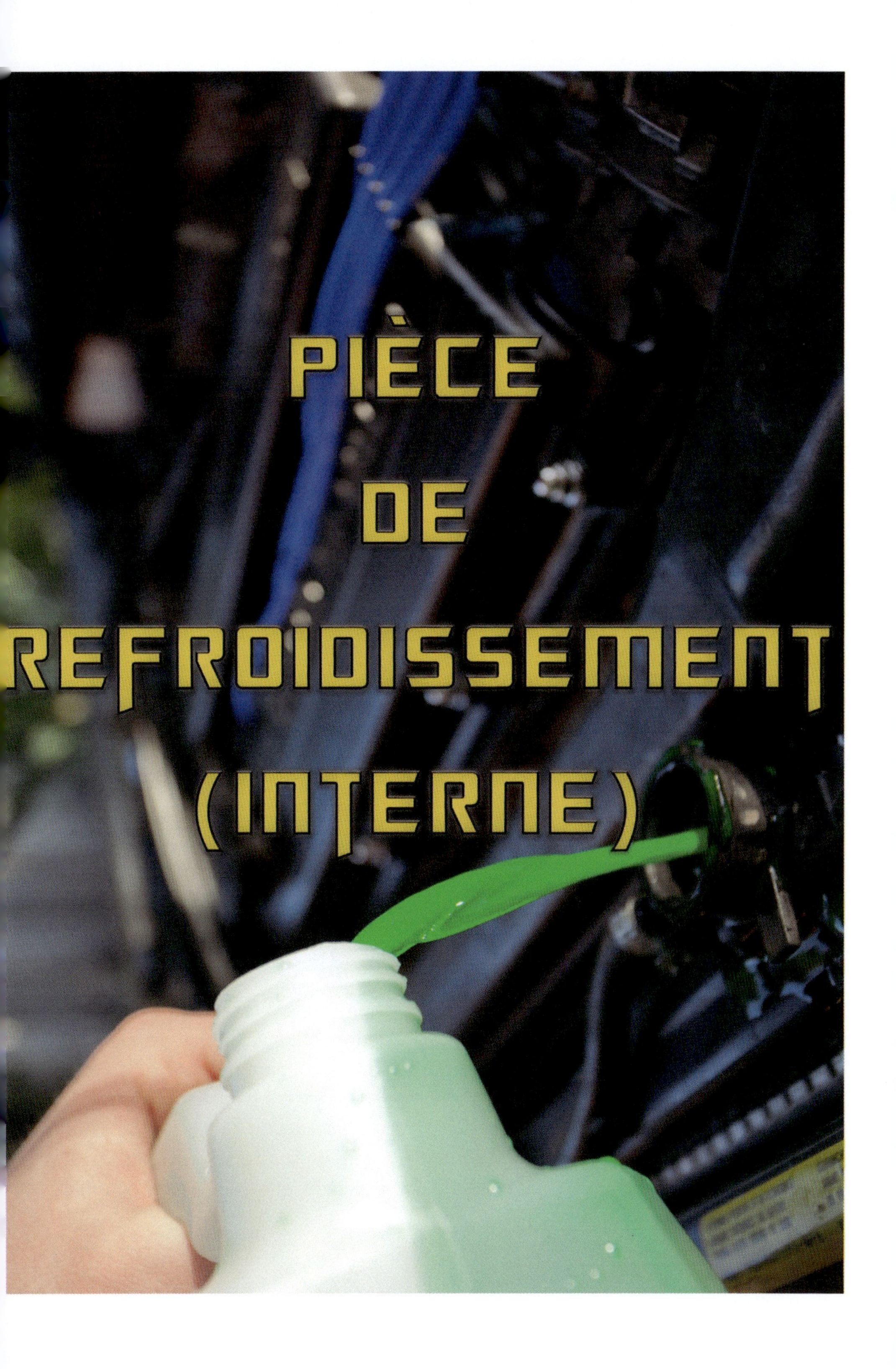
PIÈCE
DE
REFROIDISSEMENT
(INTERNE)

PIÈCE DE REFROIDISSEMENT (INTERNE)

POMPE À EAU

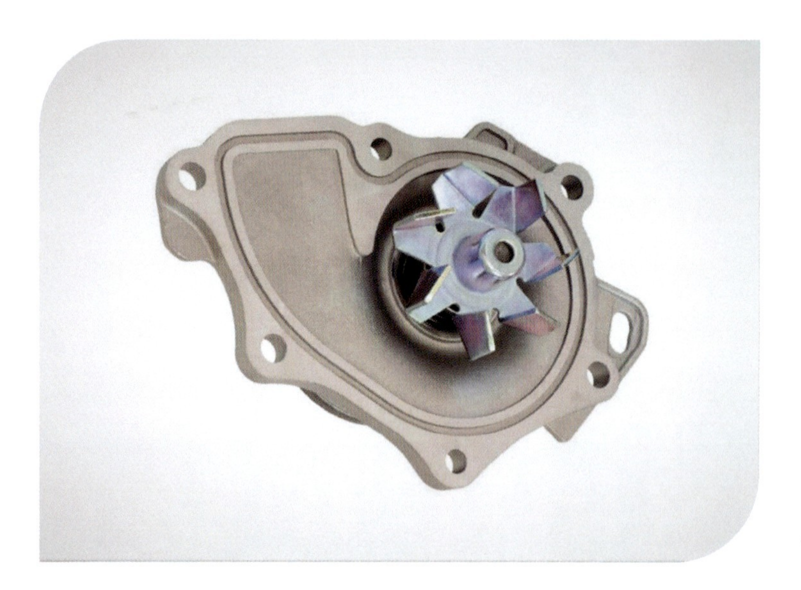

Une pompe à eau est une pompe qui a pour fonction de faire circuler le liquide de refroidissement dans le moteur, puis, si le moteur est chaud, de faire circuler le liquide dans le radiateur pour le refroidir et ainsi, refroidir le moteur.

Il faut régulièrement vérifier le niveau régulièrement dans le vase d'expansion (et je ne parle pas des vases bien sûr) pour éviter un manque de liquide et donc, de surchauffe moteur, ce qui serait catastrophique. La pompe à eau se loge dans le bloc-moteur à un emplacement prévu pour ; elle est livrée avec un ou plusieurs joints pour assurer l'étanchéité de la pompe et éviter de perdre du liquide de refroidissement, ce qui serait bien évidemment catastrophique. Elle peut être reliée à la courroie de distribution ou bien à la courroie d'accessoire (notamment dans le cas d'un moteur à chaîne).

Entretien

Niveau entretien, la pompe à eau doit être changée lors des révisions et notamment lors d'un changement de la courroie de distribution. Elle doit être également remplacée lors de la présence d'une fuite, mais également lorsque la pompe emet un grincement, ce qui signifie qu'elle est grippée.

Bien évidemment, lors d'une casse de courroie, sauf pour les modèles les plus récents équipés d'une pompe à eau électrique (chose que j'apprécie pas mal, car elle augmente le rendement moteur sans passer par la case hybride), la pompe à eau s'arrête d'un coup et peut donc créer rapidement une surchauffe moteur. La seule chose à faire est d'acheter une nouvelle courroie.

THERMOSTAT MOTEUR

Le thermostat étant fixé au moteur et étant indispensable à son bon fonctionnement, il fait bien sûr partie de ce tome.

Un thermostat sert à réguler la température du moteur. Sur les voitures modernes le thermostat est de type « pastille de cire ». Via un clapet, le thermostat s'ouvre dès que le moteur a atteint sa température de fonctionnement optimal pour ainsi permettre au liquide de refroidissement de circuler vers l'échangeur (qui s'appelle aussi radiateur), pour le refroidir et refroidir ainsi le moteur à son tour.

Le thermostat reste en position fermée lorsque le moteur est froid, il y a juste une petite dérivation afin qu'il puisse détecter les changements de température du liquide de refroidissement pendant que le moteur monte en température.

Pendant le temps de chauffe, le liquide de refroidissement du moteur est dirigé vers l'entrée de la pompe à eau et retourne directement au moteur, en contournant le radiateur. Le but de cette déviation est d'éviter le radiateur, et de faire circuler le liquide de refroidissement uniquement dans le moteur, ce qui a pour but d'atteindre la température optimale du moteur le plus rapidement possible, tout en évitant des « points chauds » localisés du moteur, c'est-à-dire les zones où le moteur chauffe le plus, par exemple la chambre de combustion.

Une fois que le liquide de refroidissement est assez chaud, le liquide de refroidissement en contact avec le thermostat pour contrôler la température du moteur fait fondre la cire à l'intérieur de celui-ci, ce qui permet au ressort de se détendre afin que le clapet s'ouvre, permettant au liquide de circuler à travers le radiateur afin de se refroidir.

Le thermostat est constamment en mouvement, tout au long du fonctionnement du moteur, afin de répondre aux changements de charge du moteur, des vitesses et des températures extérieures, pour maintenir le moteur à sa température de fonctionnement optimal et ainsi éviter la surchauffe, ce qui est très sympa, je pense.

Sur des voitures anciennes, on trouve un thermostat du type « soufflet » ou « ressort thermo rétractable ». Dans le cas des soufflets, les soufflets ondulés contenaient un liquide volatil tel que de l'alcool ou de l'acétone, et les thermostats à ressort thermo rétractables étaient peu précis, notamment lors des températures extrêmes, forte chaleur et grand froid. Ces types de thermostats ne fonctionnent pas bien aux pressions des systèmes de refroidissement au-dessus d'environ 7 PSI, soit environ 0,5 ; 0,6 bar de pression.

Les voitures modernes fonctionnant généralement à environ 15 PSI, soit 1 bar, OUI ! 1 bar de pression au calme... On peut dire que la pression n'est pas du tout la même et dit stop à l'ancien thermostat cité plus haut et à leur utilisation.

Aujourd'hui, de plus en plus de voitures ont recours au thermostat électrique, qui s'ouvre selon les besoins du moteur selon l'ordinateur de bord ; ce système dépend de nombreuses conditions (forte charge, faible charge, bas ou haut régime, etc.), et a pour but d'améliorer l'efficacité du moteur et de prévoir d'éventuels changements.

Sur les moteurs à refroidissement à air, le moteur était entouré de plusieurs tôles avec des clapets autour de celui-ci, le thermostat à soufflet commandait un clapet pour laisser passer l'air pour refroidir le moteur. Mais bon, aujourd'hui le moteur à air, on n'en entend plus trop parler, car trop polluant.

Donc voilà ! Maintenant vous en savez davantage sur les moteurs thermiques, et les différentes pièces qui le composent J'espère que vous avez apprécié ce livre qui me tenait énormément à cœur et que j'ai pris plaisir à écrire.

D'ailleurs ! Faites comme les autres ! N'hésitez pas à laisser un commentaire Client (et dire ce que vous en avez pensé) ou lâcher une note au livre 👍. Et de permettre aux autres d'avoir un avis du livre ou une note grâce à vous.

Pensez et n'hésitez pas à parler de ma série de livres sur les moteurs thermiques autour de vous et sur ce, bonne journée, bonne soirée, gardez le sourire, car c'est ce qu'il y a de plus important dans la vie, sauvons les 100 %Meca, et on se retrouve pour le Tome 3 ! C'était Darius, de la chaîne YouTube « All Motors Glory » (si vous vous intéressez aux belles mécaniques et aux voitures thermiques, cette chaîne est faite pour vous).

Darius KCM
ALL MOTORS GLORY

TOME

2/4

REMERCIEMENT

Je voudrais remercier Liliae et Polgara du site 5euros.com pour leurs travaux extraordinaires sur le livre :

- Liliae pour m'avoir donné son avis détaillé sur le livre, m'avoir guidé sur les choses à améliorer, et pour m'avoir signalé la présence de nombreuses fautes d'orthographe ;
- Et Polgara qui a corrigé les fautes d'orthographe présentes dans ce livre.

Je remercie également les commentaires Amazon sur les deux premières éditions qui m'ont aidé à voir les erreurs (malgré la méchanceté de certains commentaires), ce qui m'a permis d'améliorer ce livre pour sa nouvelle édition.

All Motors Glory ® YouTube, chaîne automobile

https://www.youtube.com/AllMotorsGlory

Printed by Amazon Italia Logistica S.r.l.
Torrazza Piemonte (TO), Italy